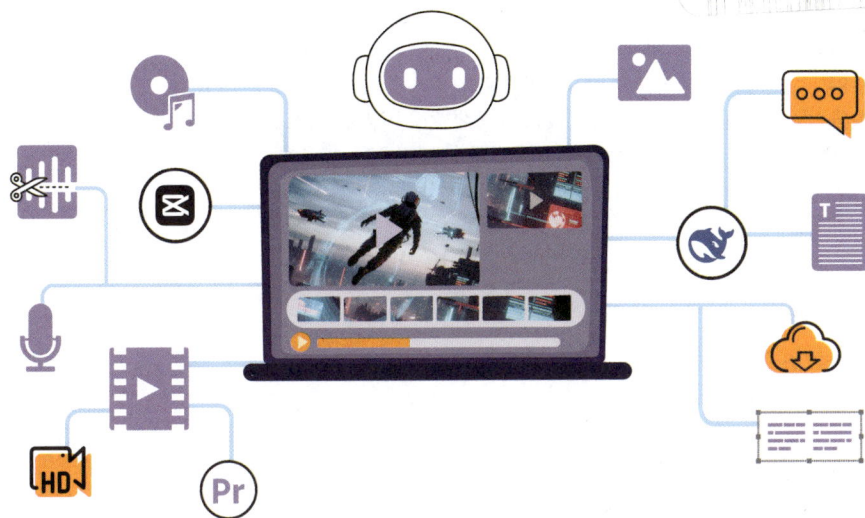

清 华 电 脑 学 堂

U0662455

DeepSeek

助力短视频创作

拍摄 · 剪辑 · 调色与特效制作 （**剪映+Premiere**）

全彩微课版　江明磊 贺露露 ◎ 编著

清华大学出版社
北京

内 容 简 介

本书围绕短视频的创作展开，由浅入深，全面系统地介绍短视频拍摄、剪辑、特效制作的方法和技巧，以及DeepSeek在短视频制作中的应用。通过阅读本书，不仅能让新手制作精彩的短视频，还可以让具有一定后期剪辑基础的读者借助DeepSeek掌握更多创意效果的制作方法。

全书共8章，内容包括短视频制作基础、探索DeepSeek世界、短视频剪辑入门指南、短视频精剪及声画同步、短视频品质全面提升、非线性叙事剪辑启蒙、短视频艺术效果打造，以及综合案例深度剖析。在讲解理论知识的同时，穿插"动手练"实操案例，帮助读者举一反三、巩固所学。第2～7章结尾处设置"实战演练"，真正做到授人以渔。

本书内容新颖，案例丰富，不仅适合短视频创作者、摄影爱好者、自媒体工作者等学习使用，也适合想进入短视频创业领域的人员阅读，还可作为高等院校相关专业课程的教学用书。

图书在版编目（CIP）数据

DeepSeek助力短视频创作拍摄、剪辑、调色与特效制作：剪映+Premiere：全彩微课版 /
江明磊，贺露露编著. -- 北京：清华大学出版社，2025.8. -- (清华电脑学堂). -- ISBN 978-7-302-70113-2

Ⅰ. TN948.4-39

中国国家版本馆CIP数据核字第20257TT463号

责任编辑：袁金敏
封面设计：阿南若
责任校对：胡伟民
责任印制：沈　露

出版发行：清华大学出版社
　　　　　网　　　址：https://www.tup.com.cn，https://www.wqxuetang.com
　　　　　地　　　址：北京清华大学学研大厦A座　　　　　邮　　编：100084
　　　　　社 总 机：010-83470000　　　　　邮　　购：010-62786544
　　　　　投稿与读者服务：010-62776969，c-service@tup.tsinghua.edu.cn
　　　　　质 量 反 馈：010-62772015，zhiliang@tup.tsinghua.edu.cn
　　　　　课 件 下 载：https://www.tup.com.cn，010-83470236
印 装 者：北京博海升彩色印刷有限公司
经　　销：全国新华书店
开　　本：185mm×260mm　　　印　　张：13.5　　　字　　数：368千字
版　　次：2025年9月第1版　　　印　　次：2025年9月第1次印刷
定　　价：69.80元

产品编号：113006-01

前 言

首先,感谢您选择并阅读本书。

随着5G技术的普及和快节奏生活方式的推崇,短视频成为人们日常娱乐和信息获取的重要方式,为此类内容创造了极为有利的环境。现实中,人人都有可能成为短视频的主角,这一趋势也推动了对于专业拍摄和编辑人才的需求。鉴于此,我们精心编写了本书。本书旨在为短视频剪辑和运营的读者提供一个易于学习和应用的知识框架,帮助读者在愉悦的学习过程中掌握DeepSeek应用与短视频制作的精髓,并能够灵活运用这些技巧于实际工作之中。

本书采用理论讲解与实际应用相结合的形式,从易教、易学的角度出发,全面、细致地介绍短视频剪辑的方法与技巧。在讲解理论知识的同时,穿插若干"动手练"实操案例,帮助读者举一反三,巩固所学。第2~7章结尾处设置"实战演练",旨在培养读者自主学习的能力,并增强学习的兴趣和动力。

▌本书特色

● **理论+实操,边学边练**。本书为软件中的重点难点知识配备相关的实操案例,可操作性强,使读者能够学以致用。

● **全程图解,更易阅读**。全书采用全程图解的方式,让读者能够了解到每一步的具体操作。

● **视频讲解,学习无忧**。书中实操案例配有同步学习视频,在学习时扫码即看,很好地保证了学习效率。

▌内容概述

本书立足于短视频创作的实际需求,内容创作从抖音、剪映等轻量级剪辑工具入手,再到Premiere这一专业的视频剪辑工具逐一展开,并结合DeepSeek应用,让短视频创作更加轻松。本书共8章,各章内容见表1。

表1

章序	内容导读	难度指数
第1章	主要介绍短视频制作的基础知识,包括短视频的特点及常见类型、拍摄基础、剪辑基础等	★☆☆
第2章	主要介绍DeepSeek在短视频制作中的应用,包括DeepSeek的核心功能及应用场景、基础操作、提示词、文案优化与生成、视频脚本生成等	★★☆

（续表）

章序	内容导读	难度指数
第3章	主要介绍剪映的功能与基本应用，包括剪映基础知识、视频剪辑基本操作、视频粗剪技巧、草稿的管理、导出视频等	★☆☆
第4章	主要介绍短视频精剪及声画同步，包括蒙版的添加和编辑、混合模式、关键帧、抠图、音频的添加与编辑、字幕的添加与编辑等	★★★
第5章	主要介绍短视频的优化方法，包括视频效果的优化、贴纸的添加与编辑、视频特效的应用、转场效果的添加与设置等	★★★
第6章	主要介绍利用Premiere编辑短视频的方法，包括Premiere Pro基础功能、DeepSeek素材生成、Premiere Pro剪辑操作、字幕的创建与编辑、视频过渡效果等	★★★
第7章	主要介绍利用Premiere制作短视频特效，包括关键帧动画、视频效果、音频效果等	★★★
第8章	以实战案例的形式介绍典型短视频的创作方法与技巧	★★☆

需要说明的是，剪映分剪映专业版与剪映移动端，虽然它们的运行环境不同、界面不同、操作方式也有所不同，但两者的使用逻辑完全一致。剪映专业版具有更丰富的素材库和更多的高级编辑功能，能够满足更专业的视频制作需求。剪映移动端则更注重便捷性和易用性。读者在使用时根据自己的使用环境和习惯进行选择即可。

本书及附送的资源文件所采用的图片、模板、音频及视频等素材，均为所属公司、网站或个人所有，本书引用仅为说明（教学）之用，绝无侵权之意，特此声明。也请读者尊重书中笔者团队拍摄的素材，不要用于其他商业用途。

作者在编写过程中力求严谨细致，但由于时间与精力有限，疏漏之处在所难免，望广大读者批评指正。

配套素材

教学课件

技术支持

教学支持

编　者
2025年6月

目 录

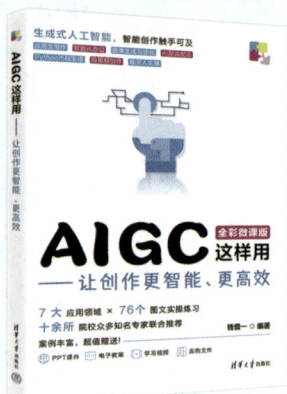

手把手教你把 AI 工具变成"超级外挂"

AIGC 这样用 全彩微课版
——让创作更智能、更高效

生成式人工智能，智能创作触手可及

7 大 应用领域 × 76个 图文实操练习
十余所 院校众多知名专家联合推荐

案例丰富，超值赠送！
PPT课件　电子教案　学习视频　配套文档

钱微一 编著
清华大学出版社

手把手教你把 AI 工具变成"超级外挂"

更多学习视频，扫码即看

附赠学习视频，涵盖图像生成、AI音乐编创、短视频创作、代码生成等。突破创作瓶颈，开启智能创作新时代。

❶ 使用AI工具撰写会议邀请函	❷ 自动生成个性化简历	❸ 一键生成高品质PPT	❹ 使用AI工具执行数据清洗
❺ 使用智谱清言制作表格	❻ 图生图	❼ 图像转换	❽ 用豆包生成室内效果图
❾ 图像的抠取与合成	❿ 快速消除图像中的人物	⓫ 利用天工AI生成民谣歌曲	⓬ 为古诗诵读音频制作背景音乐
⓭ 用海绵音乐生成年会开场乐	⓮ 使用AI工具创作音乐	⓯ 剪映AI特效的应用	⓰ 剪映AI玩法智能扩图
⓱ 即梦AI图片生视频	⓲ 根据配音自动对口型	⓳ 制作变身视频	⓴ 通过创意描述塑造神话角色
㉑ 代码检测与修复	㉒ 网页图像悬停切换	㉓ Python版计时器	㉔ 质量单位换算程序

第 1 章

通识：
短视频制作基础

　　短视频作为一种高效的信息传播载体，凭借其短小精悍、互动性强等特点，已成为当代数字内容生态的核心组成部分。优秀的短视频创作需掌握三大核心知识：什么是短视频、短视频拍摄基础以及短视频剪辑基础。本章围绕这三方面的知识展开讲解，帮助初学者能够快速构建从策划到成片的完整知识框架，实现高质量的内容输出。

1.1 什么是短视频

短视频是时长较短的视频内容，通常为15秒到3分钟不等，主要通过手机等移动设备拍摄和观看。常见于抖音、快手、视频号、小红书、B站等平台，内容涵盖娱乐、生活、美食、知识科普、旅游、搞笑段子、才艺展示等各种类型。

▌1.1.1 短视频的特点

短视频的特点可以用短、快、精、易四个字概括。

1. 短，时长短

时长短是短视频的核心特征之一。它能够在15秒至3分钟内快速传达核心信息，从而更高效地抓住观众的注意力。短视频的"短"不仅是时间限制，更是一种内容表达方式。它要求创作者在有限时间内精准传递价值，否则用户极易划走。因此，短视频的前3秒（称为黄金3秒）至关重要，必须快速切入主题，避免无关信息。

2. 快，节奏紧凑

短视频通常采用快速剪辑、镜头切换、背景音乐卡点等方式增强观看的流畅感和沉浸感。短视频的"快"也符合现代用户的消费心理。人们更倾向于在短时间内获取更多信息，而不是耐心等待内容展开。

3. 精，内容聚焦

一个视频只讲一个主题。这种聚焦性使得信息更易被观众吸收，同时也便于算法推荐和社交分享。短视频的"精"也体现在视觉表达上，精简不是简陋，而是通过极致优化，让最核心的信息以最直观的方式呈现。

4. 易，门槛低

短视频的"易"主要体现在制作门槛低和表现形式灵活。一部智能手机配合剪辑软件即可完成拍摄、剪辑和发布整套流程，无需专业相机或复杂后期。在内容形式上，短视频允许竖屏、横屏、实拍、动画、图文混搭等多种风格。创作者可以根据自身条件选择最适合的方式。

▌1.1.2 短视频的常见类型

短视频有很多种类型，不同种类有着不同的特点和受众人群。按照视频内容来分，短视频可分为以下几种。

1. 生活记录类

生活记录类短视频以真实性和个人化为核心，主要展现创作者的日常生活片段或即时见闻，其中Vlog（视频博客）是最典型的代表。创作者通过镜头记录旅行、美食、学习、工作等场景，搭配旁白或字幕讲述故事，让观众产生代入感。这类视频的关键在于自然真实，过度摆拍反而会削弱吸引力。图1-1所示是某博主记录早餐制作全过程。

2. 娱乐消遣类

娱乐消遣类短视频以轻松搞笑为主，旨在为观众提供快乐。内容大多以恶搞社会现象、明星模仿、动物趣事、情景短剧为主，以夸张搞怪的表演和剪辑手法来制造笑料，让观众在闲暇之余能够放松心情，缓解压力。图1-2所示是网友发布的趣味萌宠视频。这类视频的成功往往取决于节奏感和创意，能在几秒内制造笑点或惊喜的视频更容易走红。

3. 知识干货类

知识干货类短视频以实用性和高效学习为目标，将复杂信息浓缩成易懂的片段。内容包括生活技能教学、软件教程、趣味科普百科等。这类视频强调步骤清晰，解说明了简单易懂，一看就会。图1-3所示是软件教程视频。

4. 视觉体验类

视觉体验类短视频主打感官享受，通过画面或声音刺激观众情绪，如解压类的下雨声、切肥皂声、猫咪打盹等，能够在一定程度上缓解观众的压力。对于一些炫技剪辑，如一镜到底、转场特效或音乐卡点这类依靠专业运镜方式来制造视觉冲击，吸引观众因"好看""好听"反复观看。图1-4所示是某网友发布的木雕解压视频。

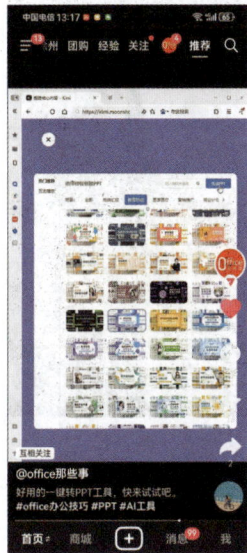

图1-1　　　　　　　　图1-2　　　　　　　　图1-3　　　　　　　　图1-4

5. 商业推广类

商业推广类短视频以推广产品或品牌为目的，需兼顾趣味性和营销性。产品种草通过开箱测评、使用演示等形式直接展示卖点；品牌宣传则可能采用短剧情，如快递小哥的温情故事、快剪混剪来传递品牌理念。这类视频关键在于避免硬广告，用内容吸引观众，而非强行推销。图1-5所示是网友制作的产品开箱视频。

6. 电影解说类

电影解说类短视频将影视剧浓缩为几分钟的精华版，通过对剧情内容进行解读（包括人物角色分析、主题探讨、电影技巧解析等），帮助观众快速理解影片内容，引导观众发现影片中的细节及深层含义，从而吸引观众去了解原片，为影片宣传和推广起到引流作用。图1-6所示是对《穿普拉达的女王》影片进行解析。

7. 新闻播报类

新闻播报类短视频以简短、准确、客观的方式呈现新闻事件、时事热点和重要资讯等信息，以满足观众对信息和新闻的需求。该类视频会比较注重一些细节方面的处理，例如主播的形象和语言风格、新闻报道的准确性和客观性、画面剪辑的流畅性和逻辑性等，以提高观众的观看体验和对新闻信息的接受程度。图1-7所示是人民日报官网发布的一则新闻视频。

8. 文化艺术类

文化艺术类短视频通过视觉化表达传递美学价值与文化内涵。内容涵盖手工艺制作、书法绘画、音乐表演。这类视频往往凭借精湛技艺或艺术美感吸引垂直受众，非遗文化主题已成为短视频制作的新趋势。图1-8所示是央视新闻官网发布的非遗鱼拓技艺。

   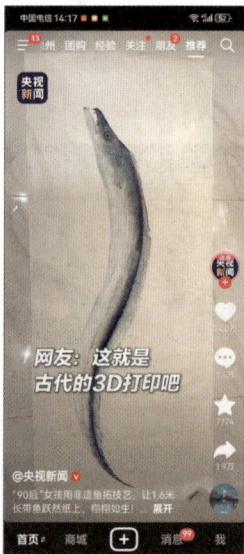

  图 1-5   图 1-6   图 1-7   图 1-8

1.1.3 短视频制作思路

短视频的制作思路可以从内容策划、拍摄技巧、剪辑逻辑和传播策略四个维度展开，每个环节都需要围绕"吸引观众"进行精细化设计。

1. 内容策划

短视频的核心价值在于解决用户某个具体需求，因此在策划阶段需明确三个问题。

- **目标观众是谁**：学生、职场人、全职宝妈等。
- **他们为何要看这条视频**：学技能、消遣娱乐等。
- **你的内容不可替代性在哪**：更专业、更搞笑，还是更治愈。

例如，知识干货类视频可采用"痛点+解决方案"结构，而娱乐消遣类视频则依赖"冲突+反转"剧本。

2.执行拍摄

即使使用手机拍摄，也需遵循视觉叙事的基本规则。

- **镜头语言**：特写、中景、全景搭配使用，避免单一视角疲劳。
- **光线与构图**：自然光优先，九宫格构图突出主体。
- **声音设计**：同期声比配乐更能增强沉浸感。

3.剪辑逻辑

短视频的剪辑本质是信息提纯，需删除所有冗余画面。

- **黄金3秒法则**：开头必须出现核心看点。
- **变速控制**：关键步骤放慢，次要流程加速。
- **转场与特效**：避免滥用花哨效果，而硬切转场适合快节奏内容，叠化转场更适合情感类过渡。

4.传播策略

短视频的传播效果取决于平台算法推荐与用户主动互动。

- **标题与封面**：用疑问句或数字提升点击率，如"你知道手机拍照的隐藏功能吗？"或"3个让剪辑变高级的技巧"。
- **互动设计**：可在视频中埋设"槽点"或"提问"引导观众参与互动评论。
- **平台适配**：根据不同平台的用户习惯、算法规则等，对视频进行有针对性的优化。例如抖音平台更适合竖屏和高饱和度色调，而B站平台则需更注重视频的信息密度，可添加章节标签。

1.2 短视频拍摄基础

短视频拍摄并非按下录制键那么简单，而是需要掌握一些基本的拍摄知识，例如了解拍摄设备、拍摄的基础知识、镜头运镜手法等。

1.2.1　拍摄设备与参数设置

视频拍摄的设备有很多，例如手机、三脚支架、反光板、拍摄话筒等。对于新手来说，先要熟悉并学会使用这些设备，为后续拍摄技能的学习做好准备。

1.常用的拍摄工具

（1）手机

与其他拍摄设备相比，手机比较方便，自由度很高，能够随时随地记录自己身边发生的事。现在的智能手机已具备专业的拍摄能力，正确的设置和使用可以提高拍摄能力。

（2）三脚架

三脚架是消除画面抖动的关键工具，根据场景不同有多种选择。桌面迷你三脚架适合俯拍美食制作或产品展示，如图1-9所示；可伸缩的八爪鱼三脚架能缠绕栏杆或树枝实现特殊角度拍摄，如图1-10所示；带液压云台的专业三脚架则适合长镜头录制，如图1-11所示。

图 1-9 　　　　　　　　　　图 1-10 　　　　　　　　　　图 1-11

（3）灯光设备

拍摄时经常用到的灯光设备有LED灯、钨丝灯、柔光灯、环形灯等。

- **LED灯**是目前主流的视频拍摄灯光之一，具有亮度高、节能环保、使用寿命长等优点。LED灯的色温可根据拍摄需要进行调整，非常方便，如图1-12所示。
- **钨丝灯**是一种传统的灯光设备，具有高亮度和可调节色温的特点。常用于营造温馨、浪漫的氛围，常用于家庭、餐厅等场景的拍摄，如图1-13所示。
- **柔光灯**可以使光线变柔和，减少阴影和光斑的产生，让拍摄的人物或物品更加柔和自然，如图1-14所示。
- **环形灯**是一种可提供均匀光线的灯光设备，常用于美妆、人像等拍摄场景，可放在拍摄对象的前方或上方，光线十分柔和，如图1-15所示。

图 1-12 　　　　　　图 1-13 　　　　　　图 1-14 　　　　　　图 1-15

（4）反光板

反光板通过反射自然光或人工光源来改善画面光影结构。五合一折叠款（直径为80cm）是最实用的选择，银色面反射强光用于阴天补光，金色面营造暖调肤色，白色面产生柔和填充光，黑色面则可作为吸光板降低局部亮度。在紧急情况下，白色泡沫板或A4纸也能临时代替。

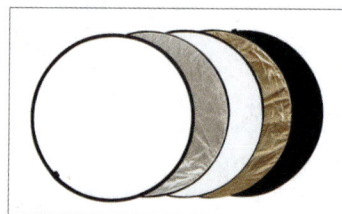

图 1-16

（5）拍摄话筒

根据场景不同，麦克风的选择差异显著。领夹麦适合访谈或教程类内容，可夹在衣领上获得清晰人声，如图1-17所示；枪式麦克风具有强指向性，能抑制环境噪声，适合户外Vlog拍摄，如图1-18所示；USB电容麦则是室内配音的理想选择，如图1-19所示。在无法使用外接麦时，手机拍摄应尽量靠近声源，并用毛衣或海绵包裹手机底部麦克风以降低风噪。

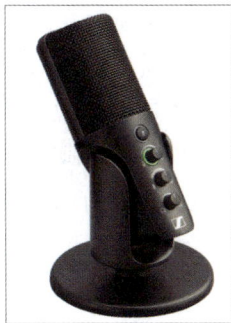

图 1-17

图 1-18

图 1-19

2. 拍摄参数设置

在开始拍摄视频前，需要对一些必要的拍摄参数进行设置，例如帧率、分辨率、画面比例、对焦与测光等，以便拍摄出理想的视频画面。

（1）帧率

帧率（fps）指每秒播放的帧数，会直接影响视频流畅感。目前，手机录像帧率有很多种，常规录像帧率为30fps和60fps两种。

- **30fps**：手机通用选择，可提供平滑的视频录制，并且对于动作较慢的场景（如日常生活、普通对话等）效果良好。
- **60fps**：提供更加流畅的视频录制，适合拍摄运动场景（如体育、宠物），后期可做慢动作处理。但60帧率会占用更多的手机存储空间，对手机的性能要求会高一些。

以华为手机为例。进入录像模式后，点击右上角的"设置"按钮，在"设置"界面选择"视频帧率"选项即可选择相应的帧率值，如图1-20所示。

（2）分辨率

分辨率决定视频的精细程度，常见选项包括720P、1080P和4K。目前视频网站主流为1080P的分辨率。在用手机拍摄视频时，最常用的就是1080P和4K的分辨率。

- **1080P**：大多数场景下的平衡选择，文件大小适中且清晰度足够，适合社交媒体传播。
- **4K**：提供更丰富的细节，适合后期裁剪或大屏观看，但会显著增加存储占用。

在"录像"模式的"设置"界面可选择"视频分辨率"选项进行设置，如图1-21所示。

图 1-20

图 1-21

若手机性能有限或仅需快速分享，720P可作为备用方案。需要注意的是，部分平台（如抖音）会压缩画质，上传4K可能无实际意义。

（3）画面比例

画面比例是视频画面的宽度和高度之比。早期电子屏幕的画面比例为4∶3标准屏，目前主流的屏幕画面比例为16∶9宽屏。而电影屏幕则比普通电子屏幕更宽，甚至可达到2.35∶1。用户在使用手机拍摄时，建议选择默认的16∶9即可。

（4）对焦与曝光

开启手机录像功能后，手机自动对画面的主体进行对焦和测光。自动对焦模式下，对焦区域默认位于画面中间，在对焦区中优先对焦距离相机最近的物体。

如果用户想要聚焦画面中某个主体物，只需在画面中点击该物体，此时会出现一个聚焦框以及太阳图标，说明所选对焦点已完成了自动对焦。图1-22所示是将焦点置于画面中心的雏菊花，可以看到雏菊花和瓢虫的纹理都非常清楚，而四周绿叶及其他花苞则相对模糊。相反，如聚焦于右上角的花苞，那么雏菊花就会变得模糊不清，如图1-23所示。

在制作过程中如果感觉画面变暗或变亮，可以手动来调整曝光。画面聚焦后，滑动聚焦框右侧小太阳图标即可调整画面光线。向上滑动太阳图标，可增加曝光，让画面变得更亮，如图1-24所示；向下滑动，则减少曝光，画面会变得灰暗，如图1-25所示。

   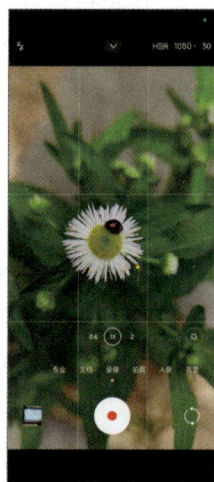

图 1-22　　　　　　图 1-23　　　　　　图 1-24　　　　　　图 1-25

1.2.2　拍摄表现形式

视频拍摄有三种表现形式：常规视频、慢动作以及延时拍摄。下面分别对这三种形式进行简单介绍。

1. 常规视频

常规拍摄是最基础的视频录制形式，采用与肉眼观察相近的帧率（如24fps、30fps）和实时播放速度，适用于绝大多数内容场景，如日常Vlog、访谈、教程等。其优势在于操作简单、文件体积适中，能自然还原动作和声音的同步性。但缺乏特殊视觉效果。手机进入"录像"模式后，点击◉按钮即可开始录制视频。

2. 慢动作拍摄

慢动作通过高帧率录制（如120fps或以上）后，以标准帧率（30fps）进行播放，将瞬间动作延长呈现，可以拍摄人眼观察不到的奇妙景象，适合捕捉高速运动的细节，如水花飞溅、运动瞬间、宠物跳跃等。图1-26所示是网友拍摄的冰块掉入水中的慢动作（来源于B站）。这种形式能强化视觉冲击力，但需要充足光线，且文件体积较大。拍摄时建议提前规划动作节点，锁定焦点和曝光，避免动态模糊导致的画面模糊。

图 1-26

进入手机相机界面，选择"更多"选项，开启"慢动作"模式，根据需要调整放慢倍数（4～32倍）。设置完成后点击◉按钮即可，如图1-27所示。

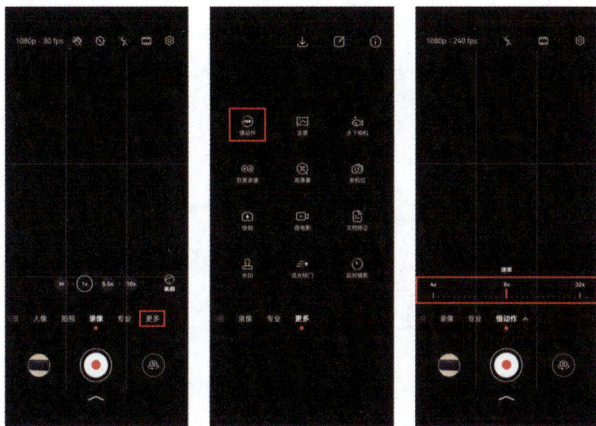

图 1-27

3. 延时拍摄

延时拍摄通过间隔拍摄单张照片（如每5秒一帧）或直接录制压缩后的视频，将长时间过程（如日出日落、云层流动、植物生长）浓缩为短片段。其核心价值在于展现时间流逝感，适用于风光摄影、工程记录或创意转场。图1-28所示是网友拍摄的日出景象（来源于B站）。

图 1-28

在相机界面，选择"更多"选项，开启"延时摄影"模式，点击"自动"按钮可更改速率、时长等参数，如图1-29所示。

9

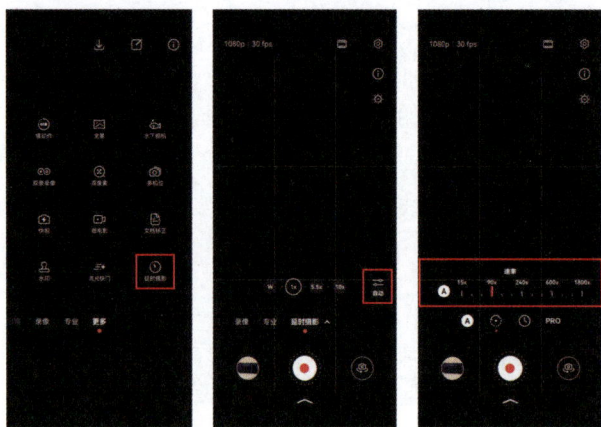

图 1-29

1.2.3 拍摄运镜方式

运镜是通过移动摄像机镜头来改变画面结构、视角和空间的关键技术手段。运镜往往需要与拍摄形式相互搭配，如慢动作结合环绕镜头，能够捕捉转瞬即逝的动态瞬间；延时拍摄配合升降镜头，在压缩时间的同时，能够展现空间层次的渐变。下面介绍一些常用的运镜方式。

（1）推/拉镜头

推镜头是通过让镜头逐渐靠近被摄主体（或使用变焦放大），使画面从全景或中景逐步聚焦到特写的过程。这种运镜方式能够引导观众注意力，突出关键细节（如人物表情、产品LOGO），同时营造紧张感或悬念。

拉镜头与推镜头相反，镜头逐渐远离主体（或缩小变焦），从特写/中景扩展至全景，用于揭示环境与主体的关系。例如，开场先展示手部动作，后拉远显示整个工作场景。这种运镜能增强空间感，适合转场或结尾升华主题。

（2）移动镜头

移动镜头是镜头沿水平方向左右移动，通常用于展示横向排列的元素（如书架商品、队伍行进）。这种运镜方式能保持主体大小不变的同时，变换背景，从而产生动态视觉体验。

（3）跟随镜头

跟随镜头是镜头与主体同步移动（如跟拍行走的人物、骑行中的自行车），保持主体在画面中的相对位置不变。这种运镜能强化沉浸感，常用于Vlog或运动场景。

（4）环绕镜头

环绕镜头是以主体为中心做圆周运动（如围绕人物360°拍摄），全方位展示主体与空间的关系。这种运镜充满视觉张力，适合产品展示或人物登场。

（5）升降镜头

升降镜头通过垂直方向移动（从低处仰拍升至俯拍，或反向），改变视角高度以展现场景全貌。例如，从桌面手工艺品特写缓慢上移至整个工作室环境。这种运镜方式可以很好地展现被摄主体与环境之间的关系。上升镜头常伴随"豁然开朗"感，而下降镜头则伴随"压迫感"。

（6）一镜到底

一镜到底指无剪辑的连续拍摄，通过复杂运镜串联多个场景（如从厨房跟拍到餐厅再转向客厅）。其优势在于真实感和沉浸感，但对走位、节奏等要求极高。拍摄前需反复排练，标记演员走位点和镜头转向时机。手机用户建议用广角镜头，以减少焦点问题。

1.3　短视频剪辑基础

剪辑是通过对原始视频素材的选择、裁剪、重组和润色，将碎片化内容转化为完整叙事作品的创作过程。剪辑是短视频制作的重要手段。本节对视频剪辑的基础知识进行简单介绍。

1.3.1　剪辑常规思路

对于视频剪辑人员来讲，不仅要掌握工具的应用技能，还要熟悉视频剪辑的思路，以提升视频的品质。

1. 抓开头，控节奏

短视频的关键在前3秒，必须将最具冲击力的画面（如产品炸裂瞬间、矛盾冲突点或悬念提问）置于开头，配合短平快的剪辑节奏（平均1～3秒/镜头），通过音乐卡点（BGM重音匹配镜头切换）和变速处理（关键动作慢放/冗余片段加速）形成观看惯性。有数据表明，优化后的开头可使完播率提升200%以上。

2. 信息提纯，逻辑闭环

剪辑本质是信息提纯过程，需严格遵循"减法法则"。删除所有冗余画面（如重复操作、无效空镜），按照"痛点→解决方案→验证效果"模式重组素材。其中，知识类视频可用动态箭头或放大镜特效来强化关键信息；剧情类则依赖"悬念→冲突→反转"这种模式递进剪辑。在视频结尾，可通过引导话术或首尾画面呼应等方式形成完整闭环，提升用户关注转化率。

3. 感官强化，风格统一

通过多维度感官刺激建立品牌化的记忆点。视觉上采用标志性调色（如美食类橙黄色调、科技类冷蓝光效），听觉上设计专属音效（如产品展示时的"叮"声）。剪辑手法保持统一性（如固定使用硬切转场、同类型字幕动效等）。研究发现，持续一致的视觉风格能使账号辨识度提升150%，粉丝黏性显著增强。

4. 平台适配，数据驱动

深度理解各平台特性，如抖音竖屏需预留字幕安全区，B站横屏需注意章节标记。根据实时数据（完播率、互动峰值）动态调整策略，如前3秒流失率高则强化开场冲击力，中途退出多需检查节奏拖沓处。

1.3.2　剪辑术语

了解一些常见的剪辑术语，可以帮助用户深入地理解剪辑技术，以便在进行作品剪辑时更加得心应手。

- **时长**：单个镜头或整段视频的时间长度。短时长可以保持观众的注意力，关键镜头可延长至5秒以上。

- **关键帧**：用于控制特效参数变化的特定锚点，实现动态调整（如缩放、位移、透明度）。例如，用关键帧制作文字从右向左滑动效果，或让画面逐渐变亮/变暗。
- **转场**：镜头间的衔接方式，一般分无技巧转场与技巧转场。无技巧转场指两个画面之间的自然过渡；技巧转场是用后期制作，实现画面之间的淡入、淡出、翻页、叠化等。
- **定格**：将某一帧画面静止延长，从而强调关键画面的瞬间（如舞蹈高潮动作、产品展示）。
- **闪回**：插入过去时空的片段，通常配合色调变化（如黑白/褪色）或模糊边缘区分时间线，用于剧情类短视频制造悬念。
- **景别**：根据景距、产生视角的不同，主要分为远景、全景、中景、近景、特写，相关内容将在后面章节中详细介绍。
- **蒙太奇**：通过将多个短片段组合在一起，以展示时间的流逝或讲述复杂的故事。蒙太奇常用于展现过程或发展，如角色的成长或长途旅行。
- **声轨**：一段视频中包含不同的独立声音轨道，彼此独立互不影响。可以理解为原来DVD里的中文轨道、英文轨道等，可以在播放器里进行切换。
- **渲染**：是将项目中的源文件生成最终影片的过程。
- **编码解码器**：是指压缩和解压缩。在计算机中，所有视频都使用专门的算法或程序来处理视频。此程序称为编码解码器。

1.3.3 剪辑常用手法

剪辑的手法有很多，其中静接静、动接动、动静结合、分屏四种手法较为常用。每种手法都有其独特的表达效果和适用场景。

1. 静接静

静接静指两个固定镜头的直接切换，是最基础、最安全的剪辑方式。这种手法依赖画面内容本身的关联性实现流畅过渡，例如，从手部操作特写场景切换到成品展示中景，或两人通话场景来回切换等，如图1-30所示。这类手法通常用于突出画面细节的场景，如人物情绪的变化。在剪辑时应注意相邻两个场景需存在逻辑关联，例如动作延续、视线匹配等。

图 1-30

2. 动接动

动接动要求前后镜头都存在摄像机或主体运动，且运动方向/速度保持一致。这种手法能制造强烈的动态流畅感，常见于运动赛事集锦、舞蹈视频或汽车广告。例如人物从地面跳入泳池的一个连贯动作的场景切换，强化了镜头运动的连贯性，营造无缝流动的视觉体验，如图1-31所示。这类镜头剪辑需要注意的是动作的运动方向必须要匹配，同向运动场景最佳。

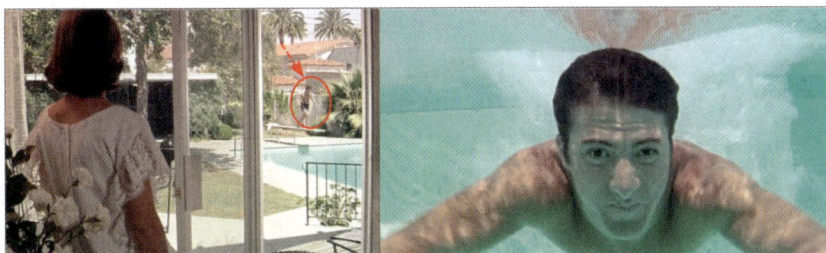

图 1-31

3. 动静结合

动静结合将动态和静态画面混合使用，通过固定镜头与运动镜头的有意交替，制造张弛有度的节奏变化。这种手法既能避免视觉疲劳，又可突出重点。图1-32所示是奔跑和停止奔跑的两个场景切换，表现主人公理解了母亲临终前的话，终于释怀的内心感受。动静结合的手法常用于剧情类短视频中人物对话与动态追逐的镜头切换；Vlog转场中的固定自拍与移动跟拍场景切换等。需要注意的是，在剪辑过程中，动态镜头要保持2秒，让观众聚焦后再切换场景。

图 1-32

4. 分屏

分屏将画面分割为多个独立区域，同步展示不同内容，既能对比呈现（如新旧产品对比），也可拓展叙事维度（如通话双方同框）。这种较为复杂的剪辑手法能有效地传达时间的流逝或多线并进的故事结构。在一部叙述多个人物同时发生事件的视频中，通过分屏可以同时展现这些事件，增加故事的层次感和丰富性。图1-33所示是利用分屏手法展现男女主人公彼此的思念之情。

图 1-33

第2章

智能:
探索 DeepSeek 世界

DeepSeek作为一款功能强大的AI助手,具有广泛的应用场景和丰富的功能。通过掌握其基础入门知识,用户可以更好地利用它来提升工作效率、获取所需信息并享受便捷的智能服务。本章对DeepSeek的基础概念、操作指南、提示词的设计、文案的生成等进行详细介绍。

2.1 认识DeepSeek

DeepSeek由杭州深度求索人工智能基础技术研究有限公司推出。它是一款专注于开发大语言模型（LLM）及相关技术的产品，能够理解并处理自然语言，为用户提供准确、全面的信息检索服务。

2.1.1 DeepSeek的核心功能

DeepSeek的核心功能涵盖文本生成、自然语言理解与分析、与编程及代码相关等多个方面，为用户提供全面而强大的支持。对于DeepSeek核心功能的归纳和解释如下。

- **文本生成**：能够生成各种类型的文本内容，如文章、故事、诗歌、营销文案等，并支持长文本摘要、文本简化以及多语言翻译与本地化功能。
- **自然语言理解与分析**：具备知识问答、逻辑推理、因果分析等能力，可进行语义分析、情感分析、意图识别和实体提取等操作。支持多轮对话，理解上下文，提供连贯回答。
- **个性化推荐**。根据用户行为和偏好提供个性化建议，可应用于内容、产品、服务推荐。
- **与编程及代码相关**：支持代码调试，包括错误分析与修复、代码性能优化提示，还能根据需求生成代码片段、自动补全与注释生成。
- **数据分析与洞察**：可以从大量数据中挖掘信息和模式，如市场趋势、用户需求等，为决策提供数据支持。
- **任务自动化与流程优化**：能自动执行重复性任务，如数据整理、报表生成等，还可与办公软件无缝集成，优化工作流程。

2.1.2 DeepSeek的应用场景

DeepSeek的应用场景非常广泛，涵盖教育、金融、软件开发、旅游、政务等多个领域。DeepSeek主要应用场景的详细介绍见表2-1。

表2-1

应用领域	应用场景	描述
教育	备课与教案生成	教师输入课程主题等信息，DeepSeek快速生成详细教案和大纲
	课件制作	结合工具快速生成PPT课件，提高制作效率
	学生成绩分析与差异化教学	分析学生成绩，提供教学调整建议和差异化教学设计
	智能问答与辅助教学	充当教学顾问，为教师提供快速、高质量的解决方法或思路
金融	资产配置建议	根据用户资产状况和投资目标，制定最优资产配置方案
	智能投资研究与风控	辅助投资研究人员进行市场研究、数据分析、风险评估等工作
	客户服务	构建智能知识库系统，开发智能聊天机器人和客服应用
软件开发	代码生成与优化	辅助代码生成和调试，提高效率，降低错误率；对现有代码进行优化
	跨语言转换与智能补全	实现不同编程语言代码的转换，自动补全代码
旅游	智能客服	为游客提供旅游资源介绍、行程规划、游玩攻略等智能客服服务
	营销活动策划	为景区策划营销活动方案，提供创意文案、宣传推广软文等
	个性化旅行方案定制	快速量身定制多套旅行方案，提升旅行规划效率和需求匹配度

（续表）

应用领域	应用场景	描述
政务	公文写作与数据分析报告	辅助公文写作，提高写作效率和质量；生成数据分析报告
	语音转文字与会议纪要	实现会议语音转写、一键校对和摘要生成等功能
数据分析	行业分析与市场预测	进行行业分析和市场预测，为企业的战略决策提供有力支持
与艺术创作	创意设计与影视创作	Janus-Pro多模态模型在艺术设计、影视创作等领域展现潜力
医疗	医疗健康（如医学影像分析）	分析医学影像，快速识别病灶，辅助医生诊断疾病

2.1.3　DeepSeek大模型版本

DeepSeek-V3和DeepSeek-R1是目前DeepSeek的两个主要版本。DeepSeek-V3 在语言处理的基础能力上表现出色，而DeepSeek-R1在DeepSeek-V3的基础上进一步强化了推理能力，两者为不同需求的用户和应用场景提供有力的支持。以下是对它们的具体说明和对比。

1. DeepSeek-V3

DeepSeek-V3是DeepSeek团队研发的通用大语言模型，旨在为广泛的自然语言处理任务提供强大支持。它通过海量文本数据训练，具备深厚的语言理解和生成能力，就像一个知识渊博且反应迅速的"语言专家"。

2. DeepSeek-R1

DeepSeek-R1是基于强化学习技术构建的推理模型，重点强化了逻辑推理、数学推理和代码推理等能力。它不仅能完成简单的语言理解和生成，且更擅长解决需要深度思考和复杂推理的问题，如同一个逻辑严密的"推理大师"。

3. DeepSeek-V3 和 DeepSeek-R1 的直观对比

从模型定位、核心能力、技术构架等多个方面对DeepSeek-V3和DeepSeek-R1的对比见表2-2。

表2-2

对比维度	DeepSeek-V3	DeepSeek-R1
模型定位	通用大语言模型，侧重于广泛的自然语言处理任务，提供基础语言理解与生成能力	强化学习驱动的推理模型，聚焦逻辑、数学、代码等复杂推理任务，强化深度推理能力
核心能力	擅长处理问答、文本创作、信息抽取等常见自然语言任务；具备多语言支持，能理解和生成不同语言文本	擅长解决逻辑谜题、数学难题、代码调试等复杂推理问题；具备多步推理与自我修正能力，可优化推理策略
技术架构	混合专家（MOE）架构，通过动态选择专家模块处理输入，提升计算效率与任务处理能力	引入强化学习算法，设置奖励函数引导学习方向，强化正确推理行为；基于强化学习构建推理机制，实现复杂任务求解
训练优化	优化算法与计算资源利用，缩短训练时间、降低成本，兼顾训练效率与模型性能	以推理任务为导向，通过强化学习不断试错优化推理策略，强调推理过程的准确性与效率提升

（续表）

对比维度	DeepSeek-V3	DeepSeek-R1
推理速度	在通用语言任务上具备高效响应速度，能快速处理常见文本输入并给出结果	推理速度受复杂推理任务影响，处理简单任务较快，复杂多步推理任务耗时相对较长
应用场景侧重	自动回复客户常见问题，提高服务效率；为作家、编辑等提供创作灵感与素材；构建专业问答平台，提供准确答案	辅助数学研究、科学实验数据分析，推导公式规律；生成、优化、调试代码，提供修复建议；设计题目、提供解题思路与答案验证
输出风格	文本生成自然流畅，符合语言习惯和语境；针对不同任务输出格式规范，如问答简洁准确，创作内容丰富生动	推理过程严谨，注重逻辑链条的完整性和准确性，输出结果基于推理步骤，包含详细的推导过程

2.2 掌握DeepSeek基础操作

DeepSeek界面布局直观易懂，用户只需在对话框输入问题，单击相关按钮即可获取答案，操作简便快捷。

2.2.1 登录DeepSeek

DeepSeek既有电脑端版本也有手机端版本。用户可通过官网登录账号后在网页上直接使用电脑端版本。也可在手机应用市场或官网下载手机端版本，手机端有iOS和安卓两个版本，默认搭载DeepSeek-R1模型，具备深度思考与联网搜索、拍照识字等功能，方便用户随时随地使用。

打开DeepSeek官网（网址为https://chat.deepseek.com/），网页中提供电脑端和手机端两种登录方式。若单击"开始对话"按钮，则进入电脑端应用界面；若单击"获取手机App"按钮，则会弹出一个二维码，使用手机扫描二维码，根据手机屏幕中的提示可以下载手机端DeepSeek，如图2-1所示。

图 2-1

若之前没有登录过DeepSeek，在网站首页单击"开始对话"按钮后会自动进入登录界面，用户可以选择使用手机号或微信快速登录。

1. 使用手机号登录

在"验证码登录"选项卡中输入手机号，并单击"发送验证码"按钮，随后将收到的验证码输入文本框中，勾选"我已阅读并同意用户协议与隐私政策"复选框，单击"登录"按钮，即可登录DeepSeek，如图2-2所示。

图 2-2

2. 使用微信登录

在登录界面单击"使用微信扫码登录"按钮，使用手机微信扫描二维码即可登录DeepSeek，如图2-3所示。若当前计算机中已经登录了微信号，单击"使用微信扫码登录"按钮后，只需在弹出的窗口中单击"微信快速登录"按钮，便可以直接登录系统，如图2-4所示。

图 2-3

图 2-4

动手练 **注册账号用密码登录**

用户也可以注册DeepSeek账号，通过密码进行登录。下面介绍具体操作方法。

步骤 01 在登录界面中切换至"密码登录"选项卡，新用户单击"立即注册"按钮，如图2-5所示。

步骤 02 输入手机号、设置密码，并填写向手机发送的验证码，最后勾选"我已阅读并同意用户协议与隐私政策"复选框，单击"注册"按钮即可完成账号注册，如图2-6所示。此后便可使用手机号和密码进行登录。

图 2-5

图 2-6

2.2.2 App版的应用

DeepSeek 的网页版和手机App版在功能上基本一致，可开启深度思考模式以及联网搜索功能。同时，还支持文件上传、拍照识文字以及图片识文字等功能。另外，使用同一账号的手机App与网页端的对话记录也会同步到网页端。

在DeepSeek官网首页使用手机扫描二维码，或在手机应用商店搜索DeepSeek，安装并登录后即可使用，如图2-7所示。

图 2-7

2.2.3 熟悉操作界面

DeepSeek的界面布局简洁明了，包含对话输入框、边栏等核心区域。在对话输入框中输入问题或指令后，系统即可给出回答。默认情况下边栏为折叠状态，单击"打开边栏"按钮可以将边栏展开，在展开的边栏中可以查看到历史对话，如图2-8所示。

图 2-8

2.2.4 切换新对话窗口

DeepSeek能够根据上下文内容进行连续的对话，当需要生成与当前对话不相干的新内容时，可以单击界面中的"开始新对话框"按钮，此时便会切换到一个新对话窗口，如图2-9所示。

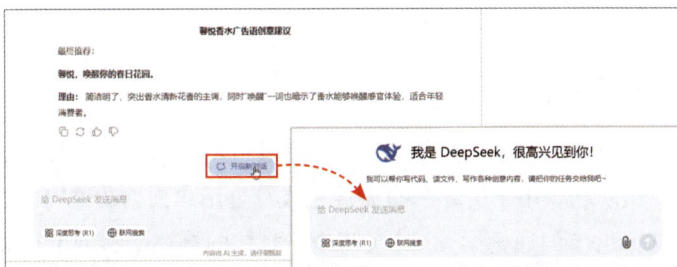

图 2-9

2.2.5　查看历史记录

在界面左上角单击"打开边栏"按钮，在展开的边栏中可以看到历史对话记录，单击任意一个记录，可以再次查看该记录，并可以在对话框中继续进行对话，如图2-10所示。

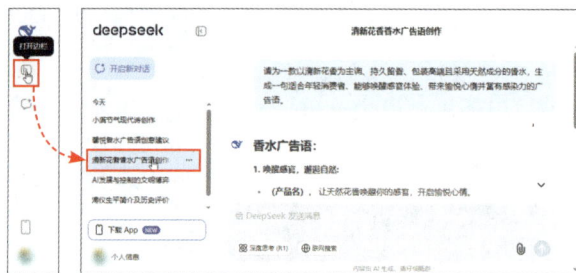

图 2-10

2.2.6　模式选择

DeepSeek提供三种使用模式，用户可以根据实际需求选择合适的模式。

- **基础模式（V3）**：为默认模式。适用于日常对话、知识问答、文案创作等场景。该模式知识面广、响应速度快，适合大多数日常使用场景。
- **深度思考（R1）**：适用于复杂推理、代码开发、数学问题等需要深度分析思考的场景。该模式逻辑性强、思维链完整，但响应速度相对较慢。
- **联网搜索**：适用于查询最新信息、实时数据等场景。该模式可以获取最新的信息，但不建议与深度思考模式同时使用。

在对话输入框左下角单击"深度思考"或"联网搜索"按钮，即可从基础模式切换为响应模式，如图2-11所示。

图 2-11

2.3　提示词的重要性

提示词是AIGC交互的核心要素，它直接决定AI模型能否准确理解用户需求并生成高质量的内容。因此，充分了解提示词，并精心设计提示词，可以显著提升交互效率、挖掘AI模型的潜力，并适应多样化的应用场景。

2.3.1　什么是提示词

在AIGC（人工智能生成内容）领域，提示词是指用户向AI模型（如ChatGPT、文心一言等）输入的文本指令或问题，用于引导AI模型的生成符合用户预期的输出内容。提示词本质上是用户与AI模型的之间的"沟通桥梁"，通过清晰、具体的描述，帮助AI模型的理解用户的需求、意图和上下文，从而生成高质量、有针对性的回复或创作内容。

通过向系统输入具体的提示词，用户可以明确地告诉AIGC工具需要生成什么样的文案。例如，用户需要一篇AI话题的文章，提示词能够引导AIGC工具按照用户的意图和需求生成文案，如图2-12所示。

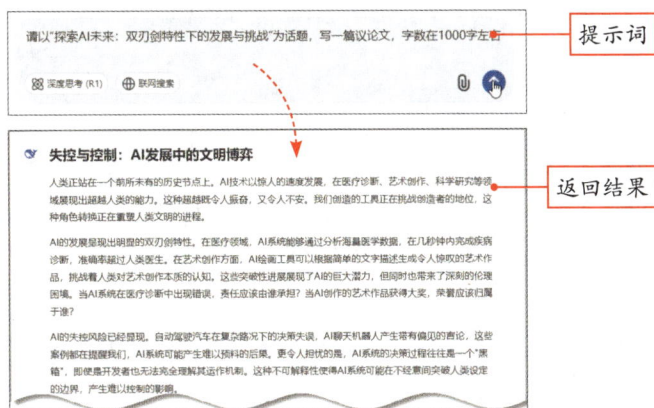

图 2-12

2.3.2 提示词的类型

在向AIGC工具提问时，提示词是引导其生成符合需求内容的关键。不同的提示词形式适用于不同的场景和需求，下面对常见的提示词形式进行介绍。

1. 指令型

指令型提示词直接给出明确的操作指示，让AIGC工具按照要求生成内容。这种形式简洁明了，适用于需要快速获取特定类型内容的场景。例如，写一篇关于"人工智能在医疗领域的应用"的800字科普文章。

2. 描述型

描述型提示词详细地描述所需内容的特征、风格、用途等信息，使AIGC工具能够更准确地理解需求，并生成符合预期的内容。例如，写一个温馨治愈的睡前小故事，故事主角是一只可爱的小兔子，场景设定在宁静的森林中，要有梦幻的元素，适合5～8岁的儿童阅读。

3. 问题型

问题型提示词以问题的形式提出需求，引导AIGC工具围绕问题进行分析和解答，生成相关的内容。例如，人工智能的发展对未来就业市场会产生哪些影响？请从不同行业角度进行分析。

4. 对比型

对比型提示词要求AIGC工具对两个或多个事物进行比较分析，突出它们之间的异同点，帮助用户更好地了解不同事物的特点和优势。例如，比较传统燃油汽车和新能源汽车在环保性、使用成本、续航能力等方面的差异。

5. 续写型

续写型提示词给出一段已有的内容，要求AIGC工具在此基础上进行续写，使故事、文章等内容得以延续和完善。例如，续写这首诗："春日阳光暖，花开满山川……"。

6. 角色扮演型

角色扮演型提示词让AIGC工具扮演特定的角色，如专家、老师、导游等，以该角色的身份和口吻生成内容，使内容更具专业性和针对性。例如，你现在是一位营养专家，请为我制定一份适合上班族的一周健康食谱，要求营养均衡、简单易做。

2.3.3 如何设计提示词

为了确保AIGC输出的内容与用户的期望相符，用户需要掌握一些提示词的设计原则。

- **明确需求**：在编写提示词之前，首先要明确自己的需求。例如，是生成一篇新闻报道、一篇科技评论，还是一条产品推广文案等。明确需求有助于更准确地描述问题，提高提示词的有效性。
- **关键信息明确**：用户需要清晰地指出想要生成内容的类型、主题、风格、目标受众等关键信息。例如，如果希望生成一篇关于旅游的文章，提示词应明确指出文章的主题（如"欧洲十大旅游胜地"）、风格（如"轻松幽默"或"专业翔实"），以及任何特定的要求（如"包含当地美食介绍"）。
- **考虑场景**：考虑内容将在什么样的场景中使用，这将帮助AIGC生成更符合场景需求的内容。例如，生成课堂教学内容时，需要明确这一点以便AIGC生成适合课堂教学的内容。
- **避免歧义**：尽量使用简洁明了的词汇和句子结构，避免使用容易引起歧义的词汇或句式。例如，避免使用模糊或含糊不清的表述，如"可能""大概"等。
- **设定限制条件**：为了更精准地引导AIGC，可以设定一些限制条件。例如，可以设定一些关键词、避免某些话题或使用特定的语言风格等。
- **逐步细化**：逐步细化提示词可以帮助更好地控制生成的内容，从而提升质量。例如，可以先提供一个大致的主题和要求，然后根据生成的初步内容逐步细化提示词。
- **测试与调整**：在向AIGC发送提示词之前，可以先进行小范围的测试，观察输出内容是否符合预期。如果不符合预期，可以根据测试结果调整提示词的结构和内容。
- **避免偏见与歧视**：提示词应避免包含任何偏见、歧视或不当言论，以确保生成的内容公正、客观且符合社会价值观。

2.3.4 提示词的应用

通过精心设计提示词，用户可以显著提升交互效率、挖掘AI潜力，并适应多样化的应用场景。因此，掌握提示词的设计技巧对于充分发挥AIGC的价值至关重要。

例如，用户要为一款香水撰写一句广告语，这款香水的主要产品信息和广告语的要求如下。

产品名称：馨悦

目标受众：年轻消费者

产品特点：创新、天然

语言风格：简洁明了、富有感染力

具体要求：包含产品名称、突出产品优势、激发购买欲望根据产品信息和对广告语的要求所设计的提示词如下。

> 请为一款名为"馨悦"的香水生成一句广告语。以清新花香为主调、持久留香、包装高端、采用天然成分，适合年轻消费者、能够唤醒感官体验。

动手练 生成产品广告语

根据产品信息提炼出提示词后，可以通过DeepSeek生成产品广告语。

步骤 01 打开DeepSeek，在对话输入框中输入提示词，随后单击 ⬆ 按钮发送提示词，如图2-13所示。

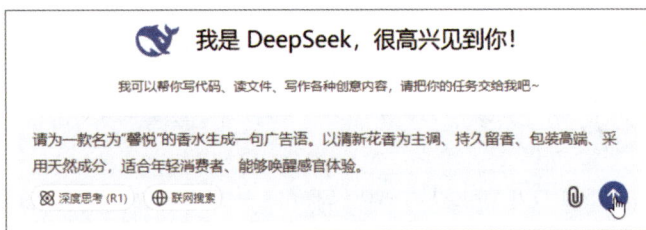

图 2-13

步骤 02 系统随即生成多种版本的广告语，例如为馨悦香水生成如下的广告语。

DeepSeek

1. 简约版
- 馨悦，唤醒你的春日花园。
- 天然花香，持久绽放。
- 高端之选，感官盛宴。

2. 强调天然成分
- 萃取天然花香，馨悦与你共呼吸。
- 源自自然，唤醒感官，馨悦与你共舞。

3. 强调持久留香
- 馨悦，花香萦绕，久久不散。
- 一整天，都被花香拥抱。

4. 强调高端包装
- 馨悦，精致之选，品味之选。
- 高端包装，尽显优雅气质。

5. 强调年轻消费者
- 馨悦，年轻的味道，活力的味道。
- 唤醒你的感官，释放你的青春活力。

6. 诗意版
- 晨曦初露，花香轻启，馨悦与你，共赴一场感官盛宴。

·撷取一缕花香，封存于瓶，馨悦与你，共度美好时光。

最终推荐

馨悦，唤醒你的春日花园。

理由：简洁明了，突出香水清新花香的主调，同时"唤醒"一词也暗示了香水能够唤醒感官体验，适合年轻消费者。

2.4) 文案的优化及重新生成

DeepSeek能够帮助用户快速生成高质量的文案内容，提高工作效率和创作效果。无论是广告文案、社交媒体推文还是产品介绍等场景，DeepSeek都能为用户提供有力的支持。

▍2.4.1 优化文案

优化文案是一个结合工具生成与人工编辑的过程。通过明确文案目标与受众，以及提示词使用技巧的把握，利用AIGC工具生成文案初稿，再对文案内容进行优化，可以生成更加有吸引力的文案。

动手练 生成现代诗并进行润色

DeepSeek支持多轮对话，在生成内容后，可以继续补充提示词对已生成的文案进行进一步优化。下面使用DeepSeek生成一首"小满"节气的现代诗，并对生成的内容进行润色。

步骤 **01** 打开DeepSeek，发送如下提示词：以"小满"节气为话题写一首现代诗，200字左右。

步骤 **02** 生成内容后，在当前对话窗口中继续发送提示词：请增强这首现代诗的意向生动性，融入更多的自然元素和细节描写。

第一次生成的内容和第二轮对话后经过润色的内容如下。

DeepSeek

《小满未满》	《小满未满》
麦穗在风里低头	麦穗在五月的风里低垂
数着灌浆的日子	青绿的锋芒刺破晨雾
阳光斜斜地	露珠沿着叶脉
切开青绿的汁液	滚落成时间的刻度
农人站在田埂	蜻蜓点过水田
影子被拉得很长	涟漪推开云影
像一根等待的弦	农人的草帽下
轻轻颤动 ●——— 第一次生成	汗水正在结晶 ●——— 润色后

雨水在云层中

酝酿着恰到好处的

分寸

既不满溢

也不干涸

我站在窗前

数着日子

等待一个

永远差一点的圆满

就像你

站在我目光的尽头

永远差一步

就能触及

蝉鸣在枝头

调试着夏日的琴弦

一声比一声

接近圆满

我数着雨滴

落在瓦檐

像未说完的话语

悬在半空

而你站在暮色里

身后是整片

正在灌浆的麦田

永远差一束光

就能成熟

除了通过多轮对话的形式对直接生成的文案进行优化，用户也可以将需要优化或更改的内容以附件形式上传，如图2-14所示。并在对话输入框中输入具体的处理要求，系统会自动识别附件中的文字内容，对文案进行相应处理。

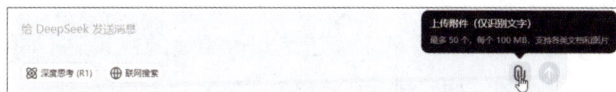

图 2-14

2.4.2　重新生成内容

DeepSeek根据提示词生成文案后，若对生成的内容不满意，可以单击生成内容左下角的"重新生成"按钮重新生成内容，如图2-15所示。

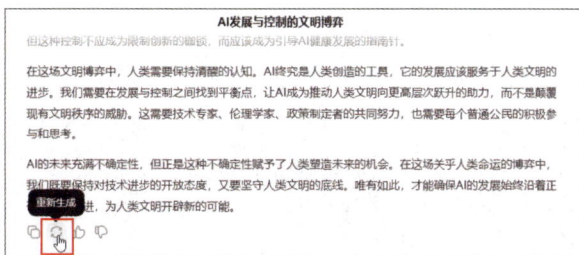

图 2-15

2.4.3　导出与分享文案

若要使用DeepSeek生成的内容，可以复制内容，将其粘贴到需要的位置。用户可以通过单击生成内容左下角的"复制"按钮复制内容，如图2-16所示。

也可以选择要使用的内容，按Ctrl+C组合键复制，或右击所选内容，在弹出的快捷菜单中选择"复制"选项进行复制，如图2-17所示。

图 2-16

图 2-17

2.5 DeepSeek助力短视频创作

在短视频行业竞争日益激烈的当下，内容创作者面临着创意枯竭、效率低下、作品质量参差不齐等痛点。DeepSeek作为一款先进的AI技术平台，凭借其强大的自然语言处理、图像生成、数据分析等能力，正逐步成为短视频创作领域的得力助手。

2.5.1 视频脚本生成原则

为了让DeepSeek生成更符合预期的视频脚本，需要参考以下基本原则。

- **确定主题和风格**。在开始生成脚本之前，需要明确视频的主题和风格。例如，是制作一个科普视频、广告宣传视频、故事短片还是其他类型的视频。不同的主题和风格会影响脚本的内容、语言表达和结构安排。

- **定义目标受众**。考虑视频的目标受众是谁，以及受众的年龄、性别、兴趣爱好、知识水平等因素。这有利于帮助用户选择合适的词汇、语气和内容，使脚本更符合受众的需求和期望。

- **详细描述视频内容**。尽可能详细地描述想要的视频内容，包括视频的场景、角色、动作、对话、情感等元素。例如，如果用户要制作一个美食视频，可以描述食材的准备过程、烹饪的步骤、美食的外观和口感等。

- **设定脚本结构和长度**。指定脚本的结构，如开头、中间和结尾部分，以及每部分的大致内容和重点。同时，根据视频的需求和时长要求设定脚本的长度。这可以帮助DeepSeek更好地组织和生成内容，使脚本更加紧凑和有条理。

- **提出特定要求**。如果有特定的要求或限制，如使用特定的词汇、短语、引用名言等，可以在提示中明确说明。这样系统会尽力满足用户的要求，生成符合预期的脚本。

- **提供相关示例**。如果可能，提供一些与自己期望的脚本风格和内容相似的示例。这些示例可以是现有的视频脚本、文章段落或其他相关的文本素材。通过学习这些示例，DeepSeek可以更好地理解用户的需求，并生成更符合用户期望的脚本。

- **结合其他工具**：为了获得更好的视频制作效果，用户可以将DeepSeek与其他视频制作工具（如剪辑软件、特效软件等）结合使用，从而创作出更加专业、吸引人的视频内容。

2.5.2 生成视频脚本

下面使用DeepSeek为"科普智能家居使用"视频生成脚本。登录DeepSeek，在对话输入框中输入下列提示词：请根据以下信息生成视频脚本，视频主题为"科普智能家居的使用"，风格轻松幽默，以趣味性的方式介绍智能家居的便捷与高效。目标受众为25～35岁的年轻人。视频将展示智能音箱如何控制家中灯光、窗帘、空调等设备，包括用户语音指令的演示、智能家居设备的响应过程，以及最终实现的便捷效果。同时，穿插用户在使用前后的对比感受，突出智能家居带来的生活改变。脚本结构分为开头（引入智能家居概念）、中间（详细演示智能家居功能）、结尾（总结智能家居的优势并呼吁尝试）三部分。总时长控制在3分钟左右，确保内容紧凑且信息丰富。随后发送提示词，如图2-18所示。

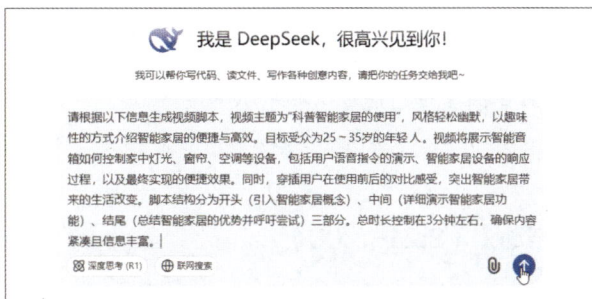

图 2-18

DeepSeek生成内容如下。

DeepSeek

【开头：引入智能家居概念】（0:00-0:40）

画面：

- 镜头从一个凌乱的客厅开始（沙发上有零食，灯光刺眼，窗帘半开，空调遥控器找不到）。
- 一位年轻爸爸（表情疲惫）手忙脚乱地关灯、拉窗帘、找空调遥控器，最后瘫在沙发上叹气。

旁白（幽默调侃）：

"欢迎来到'现代人类迷惑行为大赏'——明明活在2×××年，却还在用'手动模式'过日子？（画面定格：爸爸伸手够遥控器的滑稽姿势）是时候升级你的生活了！"

转场：

镜头切换到一个整洁明亮的智能家居场景，爸爸悠闲地躺在沙发上，对着智能音箱说："小智，我回来了！"

灯光自动调暖，窗帘缓缓关闭，空调启动，背景音乐响起。

旁白：

"看！这才是21世纪的正确打开方式——智能家居！"

【中间：功能演示】（0:41-2:20）

场景1：语音控制灯光

- **画面**：妈妈在厨房做饭，满手面粉，大喊："小智，开灯！"厨房灯瞬间亮起。
- **字幕特效**："解放双手，连开关都懒得按了！"

场景2：自动窗帘+空调联动

- **画面**：中午阳光刺眼，爸爸皱眉："小智，太晒了！"窗帘自动关闭，空调调至舒适温度。
- **幽默插曲**：家里的猫突然跳上窗台，窗帘又默默打开一条缝（配音："喵，朕批准了。"）。

场景3：起床模式

- **画面**：清晨闹钟响，音箱自动播报天气："今天晴，28度，记得涂防晒哦~" 窗帘缓缓拉开，咖啡机开始工作。
- **用户采访（剪辑插入）**：
  - ◆ 妻子："以前早上像打仗，现在能多赖床10分钟！"。
  - ◆ 丈夫："终于不用和空调遥控器玩捉迷藏了……"。

转场动画：智能设备图标（灯光、窗帘、空调）欢快地跳入一个"智能家居"大礼盒。

【结尾：总结+呼吁行动】（2:21-3:00）

画面：

- 全家围坐在沙发上，音箱突然提醒："检测到冰箱只剩一罐可乐，要下单吗？"全家爆笑。
- 快闪回顾智能家居的高光时刻，字幕弹出："懒，是人类进步的阶梯！"。

旁白：

"智能家居不是未来，而是现在！花一杯咖啡的钱，让你的家学会'自己干活'~"。

结尾CTA：

- 屏幕浮现二维码和标语："扫码解锁你的智能生活"！
- 背景音乐渐弱，全家对着镜头举杯（杯中是智能温控水杯，显示"55℃刚好"）。

彩蛋：字幕结束后，音箱突然吐槽："对了，你们谁把WiFi密码改了？"（黑屏，观众笑声）。

备注：

- **节奏把控**：每个功能演示不超过30秒，穿插真实用户反馈增强代入感。
- **幽默元素**：通过宠物、家庭互动等设计笑点，避免科技类内容的枯燥感。
- **品牌露出**：可定制植入智能音箱/设备品牌，但保持中立科普调性。

▌2.5.3 优化脚本细节

使用DeepSeep生成视频脚本后需要仔细检查，确保没有逻辑错误或不可执行的操作。然后根据需要进行必要的优化，如调整句子结构、增加互动环节或改进视觉元素的描述等。

例如，想在脚本结尾加入引导观众互动的内容，可以继续之前的对话，在对话输入框中输入提示词：*在脚本的结尾部分，加入引导观众互动的内容，提问观众家中是否也有类似的智能家居设备、使用感受如何等，以此来增加观众的参与感和黏性。* 随后发送提示词，如图2-19所示。

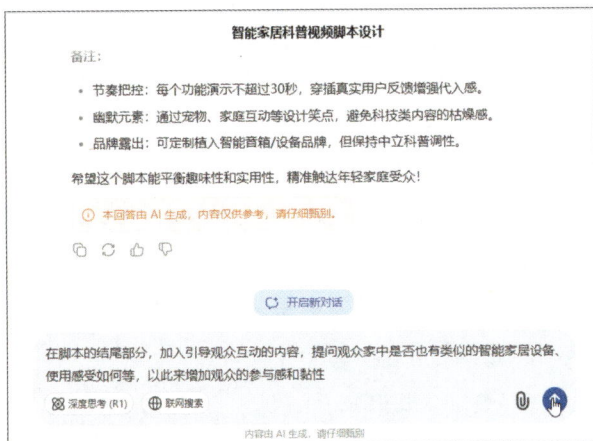

图 2-19

DeepSeek调整脚本结尾的效果如图2-20所示。

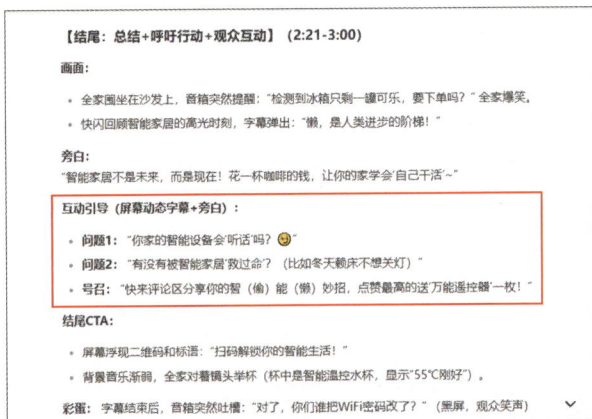

图 2-20

动手练 为节日情感视频提供创作灵感

DeepSeek可以通过分析热点趋势、用户偏好、内容数据等为短视频创作提供灵感，为创作者提供更多的创意空间和个性化表达的机会。

例如，用户想要制作一期"节日热点+情感共鸣"的短视频，但是缺乏创作灵感，此时可以使用DeepSeek来帮忙。

步骤 01 登录DeepSeek，发送如下提示词：**我想制作一期以"节日热点+情感共鸣"为主题的短视频，你可以提供一些创作灵感吗？**

步骤 02 DeepSeek生成内容如下。

DeepSeek

一、节日选择与情感方向

1. 传统节日（春节、中秋、端午等）

● **情感关键词：** 团圆、思念、传承、童年回忆。

● **灵感示例：**

◆ **春节**：拍摄"异乡人的年夜饭"，记录不同职业（外卖员、医生、留学生）如何独自过年，结尾展示他们与家人视频通话的瞬间，搭配文案"团圆，有时只是一块屏幕的距离"。

◆ **中秋**：用"月亮"串联不同人的故事——老人对着月亮回忆已故伴侣、孩子用望远镜看月亮许愿、宇航员在太空拍下地球的满月，搭配旁白"同一轮明月，照亮千万种思念"。

◆ **端午**：聚焦"手艺传承"，拍摄奶奶教孙子包粽子的笨拙过程，结尾孙子偷偷把粽子塞给加班晚归的父母，传递"传统是爱的接力"。

2. 现代节日（情人节、母亲节、520等）

● **情感关键词**：爱情、亲情、遗憾、成长。

● **灵感示例**：

◆ **情人节**：街头采访情侣"恋爱中最心动的瞬间"，穿插白发夫妻牵手的镜头，结尾反转——"爱不是某个瞬间，而是愿意重复平凡的日子"。

◆ **母亲节**：用"妈妈的谎言"为主题（"我不累""我不爱吃这个""我没事"），最后展示孩子偷偷准备的惊喜，文案点题"妈妈的谎言，是我们一生折不穿的温柔"。

◆ **520**：拍摄"单身人群的520"，记录他们给父母、朋友、宠物甚至自己的"告白"，打破"520＝爱情"的刻板印象。

3. 网络节日（双11、618等）

● **情感关键词**：孤独、消费主义反思、自我关怀。

● **灵感示例**：

◆ **双11**：对比"购物车里的狂欢"与"快递站堆积的退货"，用黑色幽默呼吁理性消费，结尾聚焦一人用省下的钱带家人旅行，文案"有些快乐，不需要装满购物车"。

◆ **世界读书日**：拍摄地铁、公园等场景中"读书的人"，特写他们手中的书和沉浸的表情，搭配字幕"在快餐时代，还有人愿意慢下来读懂灵魂"。

二、增强共鸣的创作技巧

1. 细节放大

◆ 用特写镜头捕捉节日符号（中秋的月饼碎屑、春节的窗花剪纸），搭配环境音（鞭炮声、拆礼物声），唤醒观众的感官记忆。

2. 反差叙事

◆ 比如情人节拍"分手情侣的祝福短信"，清明节拍"墓前摆满鲜花和游戏机"（纪念逝去的少年），用意外感引发深思。

3. 用户共创（UGC）

◆ 发起话题如"晒出你家的年夜饭空盘照""父亲节最想删除的合影"，收集素材剪辑成合集，增强参与感。

4. 时代痛点结合

◆ 春节返乡的"抢票焦虑"、中秋的"送礼内卷"，用幽默或温情的角度化解压力，比如"今年不送礼，改教爸妈用手机发红包"。

三、万能结构模板

1. 开头：节日符号+悬念

- ◆元宵节的一盏孔明灯缓缓升起，画外音"这是小李今年放的第三盏灯，每一盏都是写给同一个人"。

2. 中间：多线叙事+冲突/反转

- ◆交叉剪辑不同人的节日故事，最后揭示关联（如孔明灯是为戍边未归的哥哥、病逝的母亲等）。

3. 结尾：情感升华+互动引导

- ◆用一句话总结主题（"节日不是终点，是爱的起点"），引导观众留言自己的故事。

四、BGM与画面建议

- ● **音乐**：选择轻音乐或慢节奏流行曲（如《这世界那么多人》《萱草花》），避免喧宾夺主。
- ● **色调**：根据节日调整（春节用暖黄/红色调，清明用低饱和青灰色），强化氛围。
- ● **字幕**：用"手写字体"增加亲切感，关键台词可逐字浮现，增强感染力。

2.6 实战演练：假如宋朝有电商

　　DeepSeek在"深度思考"方面具有强大的能力，它能够深入理解问题背景，通过逻辑推理和创造性思维生成符合历史情境和人物心理的文本。这种能力使得DeepSeek在文学创作、历史研究、教育辅导等领域具有广泛的应用前景。下面在"深度思考"模式下生成一篇"假如宋朝有电商"为主题的文章。

　　步骤01 登录DeepSeek，在对话输入框左下角单击"深度思考"按钮，切换至深度思考模式。输入提示词：**以"假如宋朝有电商"为主题展开创作，写一篇短篇小说，设想宋朝商品经济高度发达，若出现类似现代的电商平台会呈现怎样的景象。可以描述商家如何在平台上推广特色商品，如汴京的绸缎、景德镇的瓷器；消费者如何通过平台下单购买全国各地的特产；物流行业又会如何发展，是出现专门的"快递镖局"，还是借助漕运、驿站体系，探讨这种虚拟商业形态对宋朝经济、社会结构和文化的影响。**随后发送提示词，如图2-21所示。

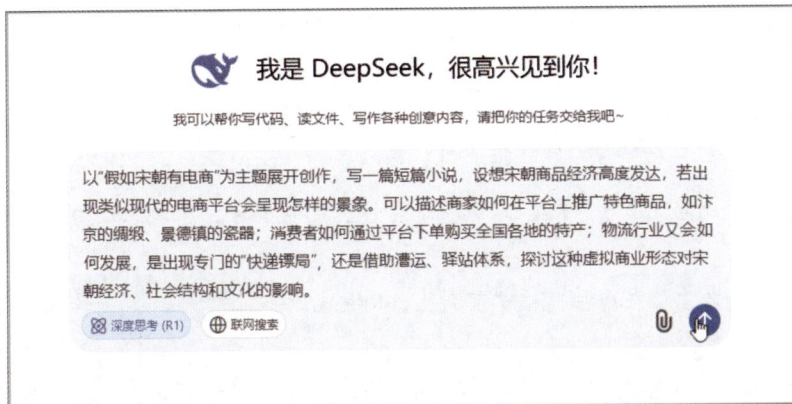

图 2-21

步骤 02 系统随即开始深度思考，并将思考的过程和逻辑展示出来，如图2-22所示。

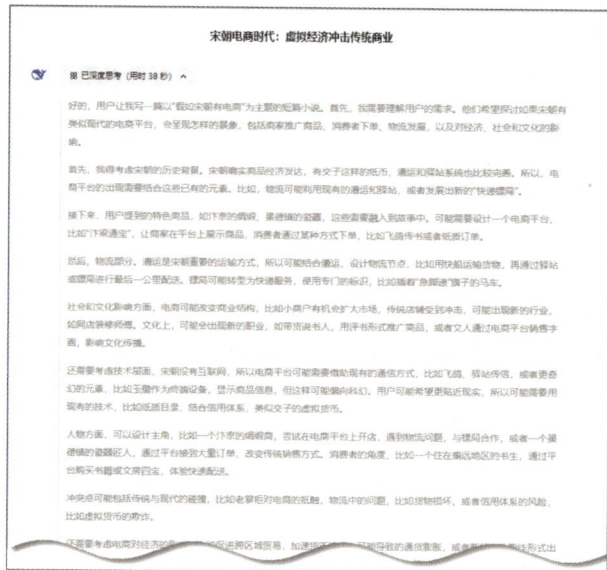

图 2-22

步骤 03 DeepSeek生成内容如下。

DeepSeek

世界观设定

- **时空背景**：宋仁宗庆历年间，汴京虹桥码头附近出现神秘玉璧，形成跨越时空的虚拟商城"汴梁通宝"。
- **基础设定**：玉璧终端具备商品展示、信用支付功能，漕运网络升级为物流体系，驿站变身中转仓，镖局转型为快递公司。
- **核心矛盾**：虚拟经济冲击传统商业模式，商户面临转型阵痛，士大夫阶层对新兴事物的态度分化。

故事梗概

- **玉璧惊现**：虹桥畔突现神秘玉璧，展示各地奇珍异宝，商贾们发现通过意念即可完成交易。
- **绸缎危机**：汴京老字号"云锦坊"因循守旧，生意被苏州后起之秀"天工阁"的直播带货击溃。
- **物流革命**：漕运衙门开发"千里快运"系统，急脚递镖局推出当日达服务，驿站网络化身智能仓储。
- **文化嬗变**：带货说书人兴起，苏轼在平台售卖定制砚台，李清照成为美妆博主推荐蔷薇水。
- **时代冲击**：老掌柜在虚拟商铺重获新生，御史台担忧白银外流，太学生争论数字经济利弊。

我们将重点描写汴京老字号"云锦坊"在电商冲击下的转型故事，通过三代经营者的观念碰撞，展现虚拟经济对传统商业模式的颠覆性影响。

"快看！虹桥东头又长出块新玉璧！"

崔四郎被街坊的惊呼声惊动，放下手中青瓷盏疾步出门。晨雾未散的汴河畔，果然立着块三尺见方的墨玉璧，表面浮动着珍珠般的荧光。这已是本月第三块，自打半年前城东瓦子出现首块能显示货品图样的奇石，汴京城便陷入一场无声的变革。

"掌柜的，苏州天工阁又开始讲经了！"学徒捧着块巴掌大的碎玉片冲进云锦坊。崔四郎接过玉片，见那半透明的界面里，身着月白襕衫的江南织娘正捻着银蚕丝："诸位客官请看，这缂丝褙子用的可是太湖双宫茧……"。

柜台上堆着未拆的飞票订单，崔四郎望着门可罗雀的店铺，掌心沁出冷汗。父亲崔老掌柜掀帘而出，瞥见玉片立时沉了脸："又是这些妖器！正经绸缎庄就该守着门面，搞这些虚头巴脑……"。

话音未落，街对面传来铜锣声。漕运衙门的青幔马车正卸下描金漆箱，箱盖上"急脚递"三字朱红夺目。几个短褐汉子从虹桥码头扛来檀木柜，柜门开处，赫然是方才玉片中展示的苏绣罗裙。

"爹，这个月咱们只接到七单订金。"崔四郎展开账册，"但漕运衙门说，若是接入他们的'千里快运'，咱们的汴绣能直送临安府……"。

"荒唐！"老掌柜的拐杖重重杵地，"我崔家三代经营，靠的是眼观经纬、手抚寸缕的真功夫！你且看——"苍老的手指抚过展柜上的牡丹缠枝锦，"这瓣尖的晕色，岂是玉片里跳动的光影能替代"？

暮色渐浓时，崔四郎蹲在玉璧前研究新出现的"货郎担"功能。荧光中忽然闪过熟悉纹样——竟是自家去年失传的落花流水锦！他手指颤抖着触碰光斑，界面倏然展开：

"陕州张氏缂丝坊，复原崔云锦技法，诚招加盟……"。

漕船灯火在河面拉出金蛇般的倒影。崔四郎望着玉璧中流转的十万种商品，终于摸出怀中温热的商引印章，朝漕运衙门的朱漆大门走去。

接下来故事可能会沿着以下这些方向发展。

- **信用体系**：神秘出现的"飞钱令"开始代替铜钱流通，户部正在调查其与西夏青盐贸易的关联。
- **文人带货**：苏轼在"文房四宝"频道开设"东坡砚话"直播间，用拓片演示墨色浓淡。
- **跨国贸易**：市舶司玉璧出现大食琉璃瓶，泉州港的南海商贾开始用契约鸽进行期货交易。

第3章

剪辑：
短视频剪辑入门指南

剪映是一款全能型视频编辑工具，集剪辑、特效、字幕、音乐等功能于一体，以"零门槛操作+专业级效果"为核心优势，成为短视频创作者、Vlog博主及普通用户的首选工具。本章对剪映的基础知识、常用剪辑方法和技巧等内容进行介绍。

3.1 剪映的基础知识

剪映作为一款备受青睐的视频编辑软件，凭借其丰富的功能、直观的界面和便捷的操作，为无数创作者打开了视频创作的新大门。从基础的素材剪辑到高级的特效添加，从简单的字幕制作到复杂的音频处理，剪映都能轻松胜任。

3.1.1 剪映功能介绍

剪映的基础功能丰富多样，能够满足用户从素材导入、视频剪辑、音频处理、字幕添加、滤镜特效应用到画面调整、背景设置以及最终的导出分享等一系列视频编辑需求，帮助用户轻松制作高质量的视频作品。下面对剪映的主要功能进行介绍。

- **素材导入与管理：** 支持多种格式的视频、图片、音频等素材导入。用户可在素材库中对导入的素材按类型、名称、日期等进行排序、查找和管理。
- **视频剪辑操作：** 包含视频分割、删除、拼接、裁剪、变速、倒放等操作。
- **AI智能工具：** 包含智能抠像、一键成片、字幕自动识别（支持多语言）、AI绘画生成素材等功能。
- **模板与创作社区：** 提供分场景模板（如Vlog、卡点、节日祝福）。用户可替换素材快速出片。
- **音频处理：** 可将本地音乐、录制的声音等添加到视频中作为背景音乐或音效。能调节音量大小、音速、音调，实现变声效果。
- **字幕添加与编辑：** 新建文本后可自由调整字体、样式、颜色、大小、位置等，也可自动识别视频中的声音并生成字幕，节省手动输入的时间和精力。
- **滤镜与特效应用：** 内置多种风格的滤镜，如清新、日系、复古、电影感等，一键套用即可改变视频色调和氛围。另外，还包含海量的转场特效、视觉特效、动画特效等，如淡入淡出、无缝衔接、画面虚化等，能让视频更具观赏性和专业性。
- **画面调整：** 通过调节亮度、对比度、饱和度、锐化等参数，能够改善视频画质，使画面更清晰、鲜艳、有层次感。除此之外，还可以进行常规的色彩调节，或使用各种预设的色彩风格，如复古色、冷暖色调等，快速实现特定的视觉效果。
- **背景设置：** 用户可以调整背景的颜色和样式，或上传自己满意的图片当作背景。也可将背景虚化，突出视频主体。
- **导出视频：** 导出视频时可选择分辨率、帧率、码率、格式等参数，将制作好的视频导出至本地相册或指定文件夹。

3.1.2 熟悉操作界面

剪映专业版的操作界面简洁明了，各功能区域布局合理，即使是初学者也能快速上手。熟悉这些界面元素，有助于高效地进行视频编辑工作，创作出高质量的视频作品。

1. 初始界面

启动剪映专业版，进入初始界面。初始界面默认显示"首页"选项中的内容，如图3-1所示。

图 3-1

初始界面中各区域的说明如下。

- **个人中心**：用于登录或退出登录账号，查看个人主页中收藏的素材。
- **菜单栏**：提供"教程""帮助中心""意见反馈""全局设置"以及二个窗口控制按钮。
- **导航栏**：导航栏位于界面左侧，包含首页、模板、我的云空间、小组云空间以及热门活动五个选项。初始界面包括创作区和草稿区两大区域。
- **创作区**：有"开始创作""视频翻译""智能抠像""超清画质""AI文案成片""AI切片""图文成片""营销成片""创作脚本"几个快捷功能。其中，"开始创作"用于进行全新的剪辑创作。
- **草稿区**：用于存储和管理视频剪辑项目文件。单击相应剪辑文件可以进入剪辑界面，并对这个文件进行剪辑。光标移动到文件上面时，文件的右下角会出现一个省略号图标。单击省略号图标，会出现一个快捷菜单，用于上传、重命名、复制草稿等操作。

2. 创作界面

在初始界面中单击"开始创作"按钮，打开创作界面。创作界面分为六个区域：菜单栏、素材面板、功能面板、播放器面板、工具栏以及时间线轨道，如图3-2所示。

图 3-2

创作界面各组成部分的作用如下。

- **素材面板：** 提供丰富的视频、音频、文本、贴纸、特效、转场、滤镜等素材，方便用户直接拖曳到时间线或画布上进行编辑。
- **播放器面板：** 用于实时预览编辑效果，支持调整预览画面的比例、音量大小等参数。
- **时间线轨道：** 视频编辑的核心区域，可在此拖曳素材以调整顺序、位置和时长，支持多视频和多音频轨道编辑。时间指针是时间线轨道中的核心定位工具，通过拖动时间指针可精准定位到视频的任意时间点，辅助用户进行剪辑分割、音频对齐、特效添加等操作，同时支持实时预览剪辑效果，是高效完成视频编辑的关键。
- **功能面板：** 当选中时间线上的素材时，功能面板会显示对应的参数和操作选项，如分割、删除、定格、镜像、添加标记、旋转等，用于对素材进行简单编辑。
- **菜单栏：** 位于界面顶部，包含菜单、标题、快捷键、布局、审阅、发布模板、导出等功能。
- **工具栏：** 提供常用工具按钮，如撤销、恢复、复制、剪切、粘贴等，方便用户进行快速操作。

动手练 安装及启动剪映专业版

通过剪映官网（https://www.capcut.cn/）可以直接下载安装剪映专业版[1]软件，如图3-3所示。安装软件时，一般会默认创建桌面图标，如图3-4所示。

图 3-3

图 3-4

双击剪映专业版图标，打开初始界面。在该界面单击"开始创作"按钮，如图3-5所示，即可进入创作界面，如图3-6所示。用户可以在该界面导入素材，并对素材进行剪辑。

图 3-5

---

[1]本书中剪映专业版为7.9.0版本。版本迭代更新较快，功能在不断完善，部分操作界面可能略有差异。

图 3-6

3.2 视频剪辑基本操作

了解剪映的工作界面之后，下面对短视频剪辑的基础操作进行详细介绍，包括如何导入素材、设置视频比例、裁剪视频、添加视频背景、分割与移动视频素材等。

3.2.1 DeepSeek辅助生成素材

目前DeepSeek与一些图像和视频生成类AIGC实现了技术融合，两者的融合实现了从语言到视觉多模态能力的互补。下面以即梦AI与DeepSeek的功能融合为例，讲解如何生成视频素材。

图 3-7

步骤 01 登录即梦AI官网（https://jimeng.jianying.com/），在首页选择"图片生成"选项，如图3-7所示。

步骤 02 打开"图片生成"面板，在文本框下方单击"Deepseek-R1"按钮，如图3-8所示。

步骤 03 切换为DeepSeek对话模式，选择生图模型、清晰度、视频比例等参数。在文本框中输入提示词，这里输入"桃花妖"。单击"发送"按钮，如图3-9所示。

步骤 04 DeepSeek经过深度思考给出多个提示词，选择一个满意的提示词，单击"立即生成"按钮，如图3-10所示。

图 3-8

图 3-9

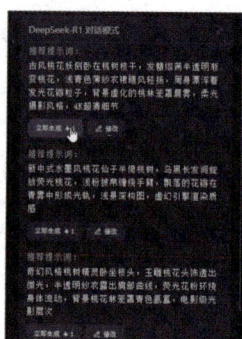

图 3-10

步骤 05 系统随即生成4张图片，如图3-11所示。在图片上方单击，可以查看图片放大效果。

图 3-11

步骤 06 选择一张满意的图片，并在其放大图右侧单击"生成视频"按钮，如图3-12所示。

图 3-12

步骤 07 切换至"视频生成"模式，（若需要按照自己的想法生成视频，可以在图片下方的文本框中输入提示词），单击"生成视频"按钮，如图3-13所示。

步骤 08 图片随即被生成为视频，将光标移动到视频上方可以预览视频播放效果，单击视频右上角的"下载"按钮可以下载视频，如图3-14所示。

图 3-13

图 3-14

3.2.2 导入素材

在剪映中导入素材是开启视频创作的第一步，用户可以轻松导入视频、图片、音频等素材。下面介绍具体操作方法。

步骤 01 启动剪映专业版，在初始界面中单击"开始创作"按钮，打开创作界面，在素材面板中的"素材"选项卡内单击"导入"按钮，如图3-15所示。

步骤 02 在随后弹出的对话框中选择要使用的素材，单击"打开"按钮即可导入素材，如图3-16所示。

图 3-15

图 3-16

步骤 03 将光标移动到导入的素材上方，此时素材右下角会显示 ✚ 按钮，单击该按钮，即可将该素材添加至时间线轨道，如图3-17所示。

图 3-17

知识延伸

使用鼠标拖曳的方式快速添加素材

在计算机中选择好素材，按住鼠标左键不放，同时向时间线轨道中拖曳，如图3-18所示。松开鼠标即可完成素材的添加，如图3-19所示。

图 3-18

图 3-19

3.2.3　素材的分割与删除

使用"分割"功能可以将视频分割成多段，分割后的每段视频可以单独编辑或删除。具体操作步骤如下。

在剪映中导入视频素材，并将视频添加到轨道中。保持视频素材为选中状态，拖动时间指针，定位好需要分割的位置，在工具栏中单击"分割"按钮，如图3-20所示。视频随即自时间指针位置被分割，如图3-21所示。

图 3-20

图 3-21

选中被分割后的右侧素材片段，在工具栏中单击"删除"按钮（或按Delete键），如图3-22所示。所选素材片段随即被删除，如图3-23所示。

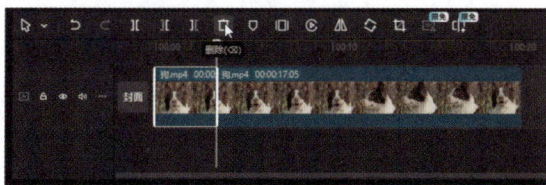

图 3-22

图 3-23

动手练 快速修剪素材

使用"向左裁剪"或"向右裁剪"工具，可以将时间指针左侧或右侧的内容删除，从而实现快速修剪素材的目的。

步骤 01 将视频素材导入剪映，并添加到轨道中。保持轨道中的素材为选中状态，移动时间指针定位好要裁剪的位置，在工具栏中单击"向左裁剪"按钮，如图3-24所示。时间指针左侧的部分随即被裁剪掉，如图3-25所示。

图 3-24

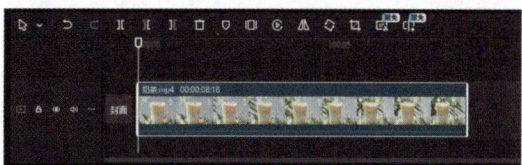

图 3-25

步骤 02 移动时间指针，重新选择好时间点，在工具栏中单击"向右裁剪"按钮，如图3-26所示。时间指针右侧的视频内容即可被删除，如图3-27所示。

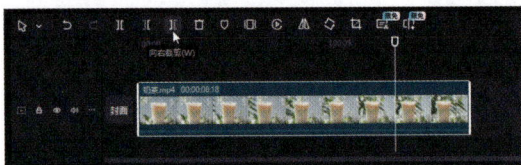

图 3-26

图 3-27

知识延伸

使用鼠标拖曳的方式快速修剪视频

在时间线窗轨道中将光标移动到素材最左侧或最右侧边缘处，光标变成 ◫ 形状时，按住鼠标左键进行拖曳，便可从素材起始或结束位置快速裁剪素材，如图3-28、图3-29所示。

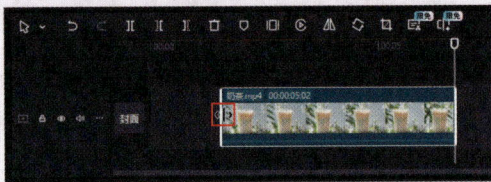

图 3-28

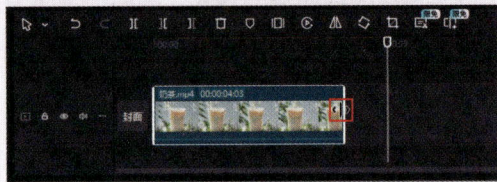

图 3-29

3.2.4 提高剪辑效率

剪映工具栏右侧提供了一些用于提高剪辑效率的工具，包括"打开/关闭主轴磁吸""打开/关闭自动吸附""打开/关闭联动""打开/关闭预览轴"等，如图3-30所示。

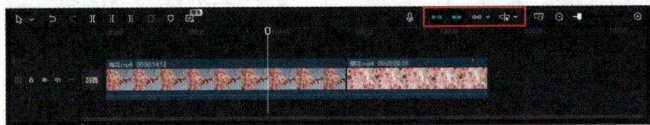

图 3-30

工具的作用如下。

- **打开/关闭主轴磁吸** ▦：用于控制素材在时间轴上的对齐方式。打开主轴磁吸后，当主轨道中只有一个素材时，会自动吸附在轨道最左侧。当向主轨道中添加素材时，这些素材会根据添加顺序自动首尾吸附。若将主轨道中的某些素材移除，剩余素材也会自动吸附在一起，避免了掉帧黑屏的现象，方便剪辑。若关闭主轴磁吸，素材不再受主轴吸附影响，可自由放置在主轨道中的任意位置，适合需要精确到帧的自由排版。

- **打开/关闭自动吸附** ▦：用于控制素材之间的吸附行为。打开自动吸附时，拖动素材靠近其他素材边缘时，会自动对齐到相邻素材的起始点或结束点，便于快速拼接素材，避免素材的偏移和错位，提高剪辑效率和精度。

- **打开/关闭联动** ▦：用于控制多轨道素材的同步操作。打开联动后，当在主轨道上移动或删除素材时，其他轨道上对应位置的素材也会随之移动或删除，便于统一调整。

- **打开/关闭预览轴** ▦：用于提供实时预览画面的能力。打开预览轴时，视频创作者能够快速定位到特定的画面。无论是需要精确剪辑，还是想找到特定的某一帧，都能大大提高效率和精度。

3.2.5 移动与复制素材

移动和复制素材是视频剪辑过程中十分常见的操作。移动素材可灵活调整视频、音频、字幕等轨道元素的排列顺序与时间位置。复制素材则能快速重复使用已编辑好的片段，避免重复操作并保持风格统一。

1. 移动素材

在时间线轨道中选择需要移动位置的素材，将光标置于该素材上方，如图3-31所示。按住鼠标左键向上方拖动，如图3-32所示。松开鼠标，所选素材随即被移动到自动添加的新轨道中，如图3-33所示。

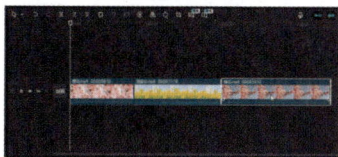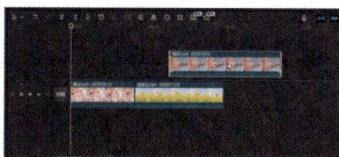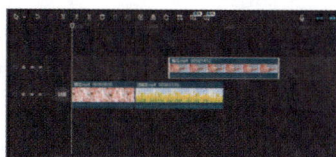

图 3-31　　　　　　　　　　图 3-32　　　　　　　　　　图 3-33

在工具栏中单击"打开主轴磁吸"按钮，使该按钮呈现被选中的状态。在时间线轨道中的主轴道内选择需要移动的素材，按住鼠标左键向目标位置进行拖动，当目标位置出现空缺时松开鼠标，即可完成素材的移动，如图3-34所示。

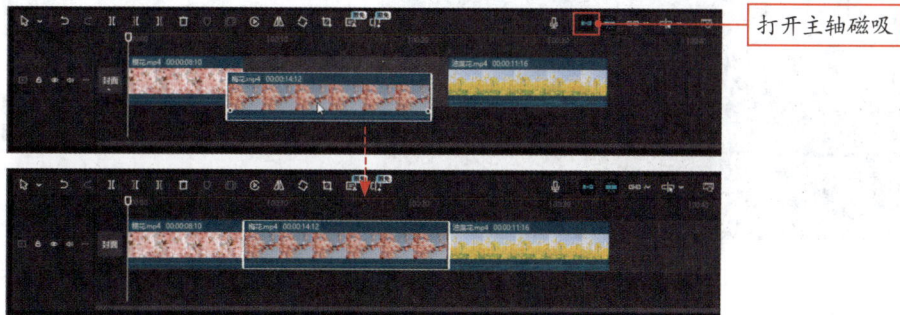

打开主轴磁吸

图 3-34

2. 复制素材

在时间线轨道中选择要复制的素材，按Ctrl+C组合键进行复制，如图3-35所示。将时间指针移动到需要粘贴素材的时间点，按Ctrl+V组合键，即可将素材粘贴到时间指针位置，如图3-36所示。

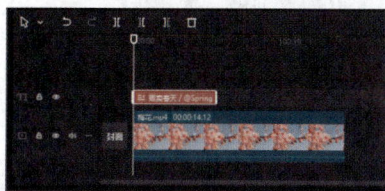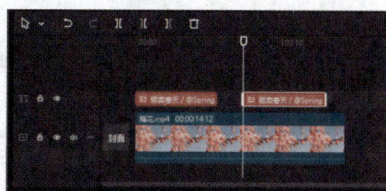

图 3-35　　　　　　　　　　　　图 3-36

用户也可以使用快捷键复制主轨道中的视频（或图片）素材。但被复制的素材不会被直接粘贴到主轨道中，而是在主轨道上方新建轨道并粘贴素材，如图3-37、图3-38所示。若要让复制的视频素材在主轨道中显示，需要用鼠标进行拖曳来移动位置。

图 3-37

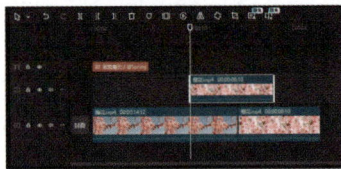
图 3-38

3.2.6　替换视频片段

对视频素材进行了某些设置后，例如修剪了视频时长、调整了画面亮度和色彩等，若更换素材，可以使用"替换片段"功能进行替换，这样可以保留原视频的效果。下面介绍具体操作方法。

步骤 01 在轨道中右击要替换的视频素材，在弹出的快捷菜单中选择"替换片段"选项，如图3-39所示。

步骤 02 弹出"请选择媒体资源"对话框，选择要使用的视频素材，单击"打开"按钮，如图3-40所示。

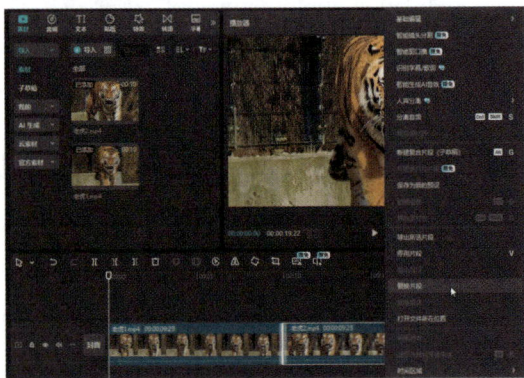
图 3-39

图 3-40

步骤 03 打开"替换"对话框，在轨道中移动高亮区域，选择要使用的片段，保持"复用原视频效果"复选框为勾选状态，单击"替换片段"按钮，如图3-41所示。

步骤 04 所选素材随即被新素材替换，已添加的视频效果依然被保留，如图3-42所示。

图 3-41

图 3-42

3.2.7 设置视频比例

视频导入剪映后默认以原始比例显示，用户可以根据需要重新设置视频的比例。剪映提供了多种视频比例的选项，常见的包括16∶9、4∶3、2∶1、9∶16、3∶4、1∶1等。

单击播放器面板右下角的"比例"按钮，在展开的列表中选择需要的比例，如图3-43所示。视频的比例随即发生相应变化，效果如图3-44所示。

图 3-43

图 3-44

3.2.8 画面裁剪

剪映可以根据视频中要保留的主体对画面进行裁剪。裁剪画面时可以选择自由裁剪，或按指定比例裁剪。下面介绍具体操作方法。

步骤01 在剪映中导入视频素材，并将视频添加到时间线轨道。保持视频为选中状态，在工具栏内单击"裁剪比例"按钮，如图3-45所示。

图 3-45

步骤02 打开"调整大小"对话框，单击"裁剪比例"下拉按钮，在下拉列表中选择"1∶1"选项，如图3-46所示。

步骤03 预览画面中随即显示1∶1比例的裁剪框，拖动裁剪框移动其位置，选择好要保留的画面区域。用户也可以根据需要拖动裁剪框周围的裁剪控制点，重新选取需要保留的范围。最后单击"确定"按钮，如图3-47所示。

图 3-46

图 3-47

步骤 04 视频画面随即被裁剪为相应比例，如图3-48所示。

图 3-48

▎3.2.9 用DeepSeek分析与主题适配的视频比例

AI分析各大主流短视频平台常见视频尺寸，能精准把握不同平台的规范，以优化内容适配性，提升视觉呈现效果，增强用户观看体验，助力创作者高效产出符合平台特质的优质视频。

登录DeepSeek官网，发送提示词：你是一名旅游博主，请你分析当前各大主流短视频平台上同类型视频的常见尺寸（比例），并分析不同比例的优缺点。

DeepSeek返回内容如下。

DeepSeek				
一、主流平台视频尺寸及旅游内容适配分析				
比例	**常见平台**	**旅游内容优势**	**旅游内容局限**	**经典应用场景**
9：16竖屏	抖音/快手/TikTok	手机全屏沉浸感强，适合第一视角体验（如登山Vlog）	横向景观展示受限（宽幅海岸线需分镜）	人文街拍/自拍解说/垂直构图景点
16：9横屏	B站/YouTube/西瓜视频	展现宏大景观（航拍/全景）专业感强	移动端需横屏影响完播率	风光纪录片/延时摄影/多景点混剪
1：1方形	小红书/早期Ins	信息流展示统一，适合攻略图文结合（九宫格拼贴）	空间利用率低（高层建筑需裁切）	美食特写/酒店测评/物品开箱
4：5竖屏	小红书/视频号	兼顾图文阅读习惯，适合长文案搭配（深度攻略）	需平衡视觉与文字空间	路线规划/消费清单/对比评测
全屏适配	抖音/快手新功能	多设备兼容（折叠屏/平板），动态重构画面	需预设安全构图区域	跨平台分发的旅拍合集

二、旅游博主创作策略（含设备建议）

1. 多版本制作体系

- **旗舰内容**：采用4K横屏拍摄（索尼A7S3等），后期输出16：9精品片。
- **社交传播**：同期用大疆Pocket3竖拍9：16花絮素材。
- **示例**：西藏自驾游主片用横屏展现公路延伸感，竖屏侧重车内互动。

2. 移动端优化方案

- 使用Filmic Pro等App实现「竖屏横构图」。
- 三分法构图时，将地平线置于下1/3处（兼容横竖裁剪）。
- 关键字幕保持在中央安全区（避免不同比例裁剪丢失）。

3. 跨平台分发技巧

- **横屏内容适配竖屏**：添加动态背景（如两侧展示行程地图）。
- Premiere自适应布局功能自动追踪主体。
- **示例**：古城航拍横屏片，竖屏版智能追踪飞鸟作为视觉引导。

三、2023年新兴趋势

1. 可变比例视频

- **抖音「一镜多比例」功能**：单个视频自动适配信息流/全屏模式。
- **拍摄建议**：主体始终居中，移动轨迹控制在中轴区域。

2. 穿戴设备适配

- **运动相机竖拍方案**：GoMAX竖拍配件+GoPro11的8：7传感器。
- **VR内容预备**：拍摄时保留10%边缘冗余，为未来180°格式预留空间。

3. 互动视频技术

- 9：16视频嵌入可点击热点（酒店定位/特产链接）。
- 分支剧情设计（如「向左划进入美食路线，向右划选择探险路线」）。

四、设备配置方案

创作类型	基础配置	进阶配置	专业方案
单人Vlog	iPhone15 Pro+DJI OM6	Sony ZV-1M2+广角附加镜	FX3+16-35mm GM+无线麦系统
户外探险	GoPro11竖拍套件	Insta360 RS 1英寸版	RED Komodo+防水壳
酒店评测	大疆Pocket3（美颜模式）	Lumix S5IIx+20-60mm变焦	阿莱Mini LF+蔡司Supreme定焦组

五、剪辑预设模板

1. 竖屏模板

- **顶部1/8**：动态行程地图。
- **中部**：主体画面（带动态缩放）。
- **底部1/6**：可关闭式双语字幕。

2. 横屏模板

- **左侧2/3**：主画面。
- **右侧1/3**：实时信息仪表盘（海拔/坐标/消费记录）。

通过精准的比例选择与创新拍摄手法结合，旅游博主可在保证平台流量的同时提升内容质感，建议每月分析各比例视频的完播率与互动数据，动态调整创作策略。

动手练 视频画面重新构图

在裁剪视频画面时还可以调整画面的角度，以纠正由于拍摄角度造成的建筑物、人物、树木等主体倾斜的情况。下面将对一份原始比例为4：3，且画面倾斜的视频进行重新构图。

步骤01 将视频素材导入剪映，并将素材添加至时间线轨道，保持素材为选中状态，在工具栏中单击"裁剪比例"按钮，如图3-49所示。

步骤02 打开"调整大小"对话框，单击"裁剪比例"下拉按钮，在下拉列表中选择"16：9"选项，如图3-50所示。

图 3-49

图 3-50

步骤03 设置"旋转角度"为3°，单击"确定"按钮，完成视频画面的重新构图，如图3-51所示。

步骤04 在播放器面板右下角单击"比例"按钮，在弹出的菜单中选择"16：9（西瓜视频）"选项，设置好视频比例，如图3-52所示。

图 3-51

图 3-52

步骤05 视频原始画面以及重新构图后的画面对比效果如图3-53、图3-54所示。

图 3-53

图 3-54

3.3) 视频粗剪技巧

剪映视频粗剪是高效构建视频内容骨架的关键步骤，需通过快速预览素材、精准筛选核心片段，按叙事逻辑或节奏需求拼接场景，以硬切或基础转场保持流畅性，为后续精剪提供清晰的优化方向。下面介绍视频粗剪过程中的一些常用技巧。

▌3.3.1 调整视频播放速度

剪映允许创作者对视频的播放速度进行自由调整，加速可以营造紧张刺激的氛围，减速则可以细腻呈现精彩瞬间，通过视频变速，观众可以体验到时间被"拉伸"或"压缩"的奇妙效果，为故事叙述增添更多层次和视觉冲击力。

1. 视频变速的原理

视频是由一帧一帧的静态图像组成的，在视频播放过程中，每秒展示的静态图像帧数决定了视频的播放速度。当提高视频的速度时，每秒显示的视频帧数就会增加，相反，如果降低视频速度，每秒显示的视频帧数就会减少，这便是视频变速的基本原理。

2. 常规变速

剪映提供"常规变速"和"曲线变速"两种变速模式。在轨道中选择要变速的视频素材。在功能面板中打开"变速"面板，此时默认打开的是"常规变速"选项卡。拖动"倍数"滑块便可设置视频变速，默认的倍数为1.00x，倍数越大视频播放速度越快。变速后视频的总时长会随之发生变化，如图3-55所示。

图 3-55

3. 曲线变速

在"变速"面板中打开"曲线变速"选项卡。该选项卡中包含7种变速选项，分别为自定义、蒙太奇、英雄时刻、子弹时间、跳接、闪进与闪出。此处选择"蒙太奇"选项，所选视频片段随即应用该变速。

选择曲线变速后，面板中会出现一条曲线，这条曲线代表速度随着时间的变化而变化的关系。在这条曲线上，横轴代表时间，纵轴代表速度。用户可以在当前变速的基础上，使用鼠标上、下、左、右拖动曲线点■来重新调整曲线的形状。向上拖动是加速，向下拖动则是减速，左右拖动则是控制变速的位置，如图3-56所示。

图 3-56

3.3.2 DeepSeek视频变速方案

用户可以通过DeepSeek了解视频变速的作用，以及在剪辑过程中的一些实用建议。

登录DeepSeek官网，发送如下提示词：变速对于视频内容的表达起到什么作用？在视频剪辑过程中应该如何合理地使用变速功能?对于视频变速你有什么建议?

DeepSeek返回内容如下。

变速是视频剪辑中一种强大的表现手法，通过改变时间的流速，可以显著影响观众的感知节奏、情绪传递和信息聚焦。以下是关于变速功能的详细解析和使用建议。

DeepSeek

一、变速功能的基本类型及效果

1.快放（加速）

◆**效果**：压缩时间，加快画面节奏，制造紧张感或趣味性。

◆**适用场景**：日常琐事、自然景观、延时摄影等。

2.慢放（减速）

◆**效果**：延长关键动作，突出细节，营造情感氛围。

◆**适用场景**：运动精彩瞬间、情感爆发点、艺术创作过程等。

3.变速曲线（非线性变速）

◆**效果**：结合快放与慢放，创造动态节奏变化，增强视觉冲击力。

◆**适用场景**：动作片剪辑、舞蹈表演、创意广告等。

二、不同情境下的变速建议

1.日常记录类视频

●**目标**：增加趣味性，吸引观众注意力。

●**建议**：

◆**快放**：用于展示日常琐事，如做饭、整理房间等，通过加速让过程显得更紧凑、有趣。

◆**变速曲线**：在关键动作或有趣瞬间适当减速，如食物入锅的瞬间、整理完的整洁画面，增加视觉停留感。

2. 运动竞技类视频

- **目标**：突出运动美感，展现运动员的技巧与速度。
- **建议**：

  ◆ **慢放**：用于捕捉运动员的关键动作，如起跳、扣篮、进球等，通过减速让观众更清晰地欣赏动作细节。

  ◆ **变速曲线**：在比赛高潮部分交替使用快放与慢放，如运动员冲刺时加速，进球瞬间减速，增强紧张感和视觉冲击力。

3. 情感表达类视频

- **目标**：传递情感，引发观众共鸣。
- **建议**：

  ◆ **慢放**：在情感爆发点，如人物流泪、拥抱、微笑等，通过减速让观众更深刻地感受到情感的细腻与真挚。

  ◆ **变速曲线**：结合音乐节奏，在情感高潮部分适当加速，如欢快的音乐搭配加速的画面，营造轻松愉悦的氛围；在情感低谷部分减速，如悲伤的音乐搭配慢放画面，加深情感共鸣。

4. 创意广告类视频

- **目标**：吸引眼球，传达产品信息。
- **建议**：

  ◆ **变速曲线**：根据广告创意，灵活运用快放与慢放，如产品展示时加速，突出产品特点；用户反馈或情感表达时减速，增强说服力。

  ◆ **创意变速**：结合特效、转场等，创造独特的视觉效果，如产品从屏幕中飞出时加速，用户使用产品时减速展示细节。

5. 教程教学类视频

- **目标**：清晰传达信息，提高学习效率。
- **建议**：

  ◆ **正常速度**：大部分时间保持正常速度，确保观众能够跟上教学节奏。

  ◆ **适当快放**：在重复步骤或非关键信息部分适当加速，节省时间。

  ◆ **慢放**：在关键步骤或难点部分减速，甚至定格，让观众有足够的时间理解和学习。

三、变速使用的注意事项

1. **保持自然**：变速应服务于内容表达，避免过度使用导致画面生硬、不自然。
2. **配合音效**：变速时，音效（如背景音乐、环境音）也应相应调整，以保持整体协调。
3. **测试效果**：在发布前，务必在不同设备上测试变速效果，确保画面流畅、无卡顿。
4. **尊重版权**：使用变速功能时，确保所有素材（包括音乐、视频片段）均已获得合法授权。

四、总结

变速是「时间的艺术」，合理运用能让视频张弛有度。核心原则是：每一次变速都应推动叙事、强化情绪或提升观赏性。建议从模仿经典镜头开始，逐步发展个人风格，同时注重技术细节以保证成品流畅度。

3.3.3　设置视频倒放

倒放是很常见的视频剪辑技巧，通常用来表现时间倒转。在剪映中使用"倒放"工具，可以将原本正常播放的视频设置为倒放。

将视频导入剪映，并添加到时间线轨道中。保持视频素材为选中状态，在工具栏中单击"倒放"按钮，如图3-57所示。视频随即实现倒放效果，如图3-58所示。

图 3-57　　　　　　　　　　　　　　　　　　图 3-58

3.3.4　设置画面镜像

"镜像"在视频剪辑中的运用十分广泛，它能够将视频水平翻转，使视频中的人物或物体出现在相反的位置。

步骤01　将视频导入剪映，并添加至时间线轨道。保持视频素材为选中状态，在工具栏中单击"镜像"按钮，如图3-59所示。

步骤02　视频随即被设为镜像显示，视频中所有物体的位置均发生水平翻转，如图3-60所示。

图 3-59　　　　　　　　　　　　　　　　　　图 3-60

3.3.5　旋转画面

"旋转"功能可实现画面90°、180° 或270° 的固定角度旋转，或通过自由旋转模式微调任意角度。该功能广泛用于横竖屏转换、艺术化构图调整及拍摄失误修正，配合裁剪、关键帧等工具可进一步优化画面比例与动态效果。

步骤01　在时间线轨道中选择视频素材，在工具栏中单击"旋转"按钮，如图3-61所示。

步骤 02 视频画面随即旋转90°，如图3-62所示。

图 3-61

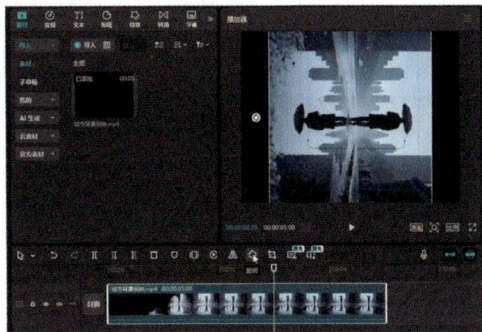

图 3-62

步骤 03 再次单击"旋转"按钮，视频画面旋转180°，如图3-63所示。每单击一次"旋转"按钮，视频画面都会在当前基础上叠加90°。

步骤 04 在功能面板中打开"画面"面板，在"基础"选项卡内输入"旋转"参数值，可将视频旋转任意度数，如图3-64所示。

图 3-63

图 3-64

动手练 画面定格

定格表示让视频中的某一帧成为静止画面，例如，为了突出某个场景或人物而将画面定格。用户还可以根据需要设置定格的时长。

步骤 01 在剪映中导入视频素材，并将视频添加到时间线轨道中。移动时间轴选择需要定格的画面，在工具栏中单击"定格"按钮，如图3-65所示。

步骤 02 时间轴所指位置的画面随即被定格。默认的定格时长为3s，如图3-66所示。

图 3-65

图 3-66

步骤 **03** 在时间线轨道中，将光标移动到定格素材的右侧边缘，光标变为 ⊞ 形状时按住鼠标左键向左拖动，可以延长定格的时间，如图3-67所示。向右拖动鼠标则可以缩短定格的时间，如图3-68所示。

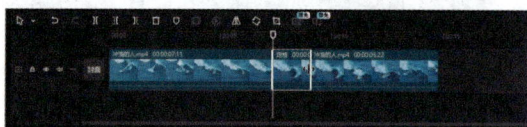

图 3-67　　　　　　　　　　　　　　　　　　　图 3-68

3.3.6　智能剪口播

剪映智能剪口播功能可以帮助用户快速删除视频中的停顿、语气词、重复话术等。下面介绍具体操作方法。

步骤 **01** 选中时间线轨道中的视频素材。在功能区中单击"智能剪口播"按钮，如图3-69所示。

步骤 **02** 系统随即打开"剪口播"面板，并开始自动分析口播，分析完成后，面板中会显示识别到的有问题的信息，此处显示"识别到3个无效词"，单击其右侧的下拉按钮，如图3-70所示。

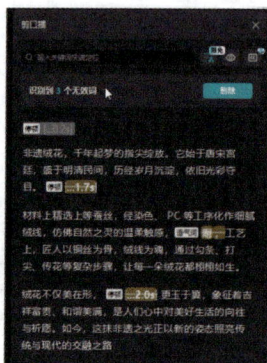

图 3-69　　　　　　　　　　　　　　　　　　　图 3-70

步骤 **03** 展开的列表中显示识别到了"1语气词"和"2停顿"，单击"删除"按钮，可将其删除，如图3-71所示。

步骤 **04** 在"剪口播"面板中选择文本内容，所选文本下方随即显示一个快捷菜单，若单击"删除"按钮，可将所选内容删除。此处单击"AI改口播"按钮，如图3-72所示。

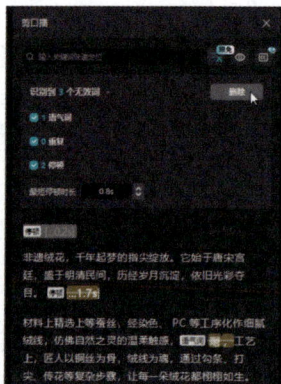
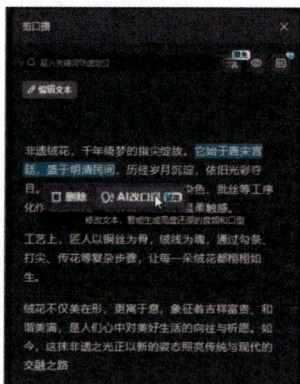

图 3-71　　　　　　　　　　　　　　　　　　　图 3-72

步骤 **05** 打开"输入将修改的文字"菜单，在文本框中输入用于替换的文本，单击"生成"按钮，如图3-73所示。

步骤 **06** 系统经过处理将未完成文本的替换，视频中的口播内容也同步被替换，操作完毕后关闭"剪口播"面板即可，如图3-74所示。

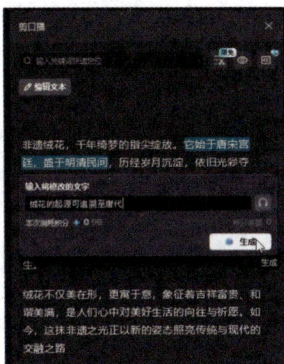 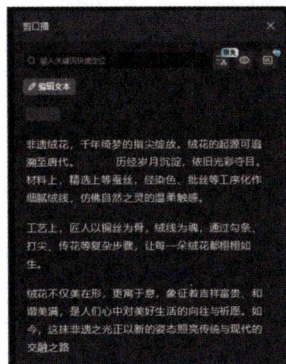

图 3-73　　　　　　　　　　　图 3-74

3.3.7　视频防抖处理

"视频防抖"功能通过智能算法对拍摄时因手抖、移动等导致的画面抖动进行实时修正，能够一键提升视频稳定性，让画面更稳定更流畅。

在轨道中选择需要进行防抖处理的视频片段，在功能面板中的"画面"面板内打开"基础"选项卡，勾选"视频防抖"复选框，系统随即对所选视频片段进行防抖处理，如图3-75所示。

图 3-75

知识延伸

防抖等级说明

"视频防抖"功能提供三种防抖等级，用户可根据需求选择合适的模式，如图3-76所示。

- **推荐**：默认使用的防抖等级。系统自动平衡稳定性与画面保留，轻微裁切边缘，保证核心画面完整。能适配多数场景。
- **裁切最少**：优先保留原始画面，仅对轻微抖动进行修正。几乎无裁切，适合对构图要求高的场景。
- **最稳定**：极致防抖，通过大幅裁切边缘实现超强稳定性。画面抖动几乎消失，但视野范围缩小。

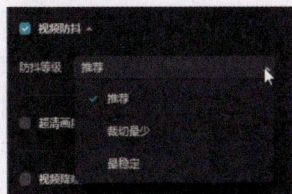

图 3-76

动手练 制作画中画效果

画中画是一种将多个视频或图片素材叠加在同一画面中，实现多屏同步展示的效果。用户可通过调整画中画素材的大小、位置、透明度、旋转角度及动画路径，自由设计画面布局。

步骤 01 在素材存储位置将需要添加到剪映的两个素材同时选中，按住鼠标左键将所选素材拖动至时间线轨道，如图3-77所示。

步骤 02 松开鼠标后所选素材即可被添加至主轨道，如图3-78所示。

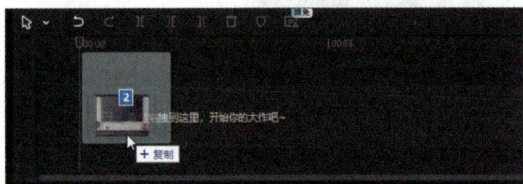

图 3-77

图 3-78

步骤 03 选中"城市夜景"素材，按住鼠标左键将其拖动至上方轨道，开始位置与下方轨道中的"电视背景"素材的开始位置对齐，如图3-79所示。

步骤 04 保持上方轨道中的视频素材为选中状态，将光标移动到播放器面板中，在播放器面板中拖动画面边角处的任意一个圆形控制点，缩放视频，随后将该视频拖动到合适的位置即可。除了使用鼠标拖动，也可以在"画面"面板中的"基础"选项卡内设置缩放和位置参数来调整视频的大小和位置，如图3-80所示。

图 3-79

图 3-80

3.3.8　添加视频背景

剪映支持多种类型的背景填充，包括模糊背景填充、颜色背景填充、样式背景填充等。下面介绍如何为视频设置模糊背景。

步骤 01 在时间线轨道中选择视频素材，在播放器面板中单击"比例"按钮，在展开的列表中选择所需比例，此处选择"3：4"选项，如图3-81所示。

图 3-81

步骤 02 在属性面板中的"画面"面板内打开"基础"选项卡，勾选"背景填充"复选框，单击其下方的"无"下拉按钮，在下拉列表中选择"模糊"选项，如图3-82所示。

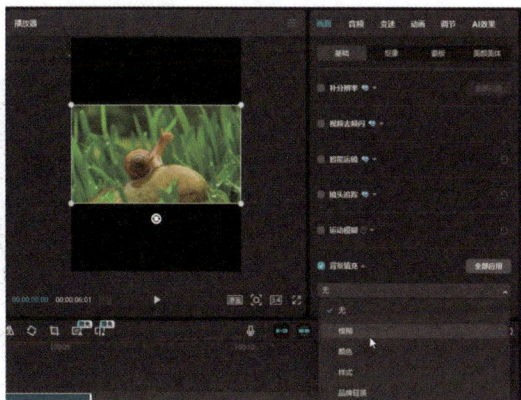

图 3-82

步骤 03 剪映提供4种不同模糊程度的选项，选择一个合适的模糊程度，即可将当前视频进行模糊处理并设置为视频的背景，如图3-83所示。

步骤 04 为视频设置模糊背景的效果，如图3-84所示。

图 3-83

图 3-84

知识延伸

不同背景填充效果的区别

- **模糊**：可以使视频变得模糊，作为背景使用，从而突出前景中的主体。
- **颜色**：可以选择不同的颜色作为背景，也可以根据视频或图片的风格和色调选择合适的颜色。
- **样式**：系统提供大量的图片背景，用户可以选择一张图片作为背景，增加视频的层次感和丰富度。
- **品牌背景**：将视频背景设置为与品牌相关的元素，这样可以加强视频的品牌识别度。用户可以在媒体素材区中的"品牌素材"页面中进行设置。

3.4 草稿管理

剪映的草稿管理为创作者提供了便捷的素材存储与项目组织方式。在剪映中，未完成编辑的视频项目会以草稿形式自动保存，用户可在"草稿箱"中集中查看所有草稿，通过缩略图、标题、创建时间等信息快速定位目标项目。

▌3.4.1 管理指定草稿

启动剪映，在初始界面中的草稿区内可以看到所有草稿。将光标移动到指定草稿上方，单击其右下角的 ⬛ 按钮，通过展开的菜单中提供的选项，可以对该草稿执行上传、重命名、发布模板、复制草稿、删除等操作，如图3-85所示。

图 3-85

动手练 设置视频标题 ────────────

在剪映中编辑的视频默认以创建日期作为标题，为了方便草稿的管理，可以为视频添加标题。

步骤 01 在剪映创作界面的菜单栏中间标题位置单击，标题随即变为可编辑状态，输入新标题，按Enter键（或在界面任意位置单击）即可完成标题的更改，如图3-86所示。

步骤 02 关闭创作界面，在草稿区可以看到视频下方已经显示出标题，如图3-87所示。

图 3-86

图 3-87

▌3.4.2 快速搜索草稿

在草稿区右上角单击 🔍 按钮，在展开的文本框中输入草稿名称（或名称中的关键字），即可快速搜索到该草稿，如图3-88所示。

图 3-88

3.4.3　更改草稿布局

默认情况下草稿以"宫格"形式进行布局，用户也可以将布局形式更改为"列表"。单击草稿区右上角的 ██▾ 按钮，在下拉列表中选择"列表"选项即可完成更改，如图3-89所示。

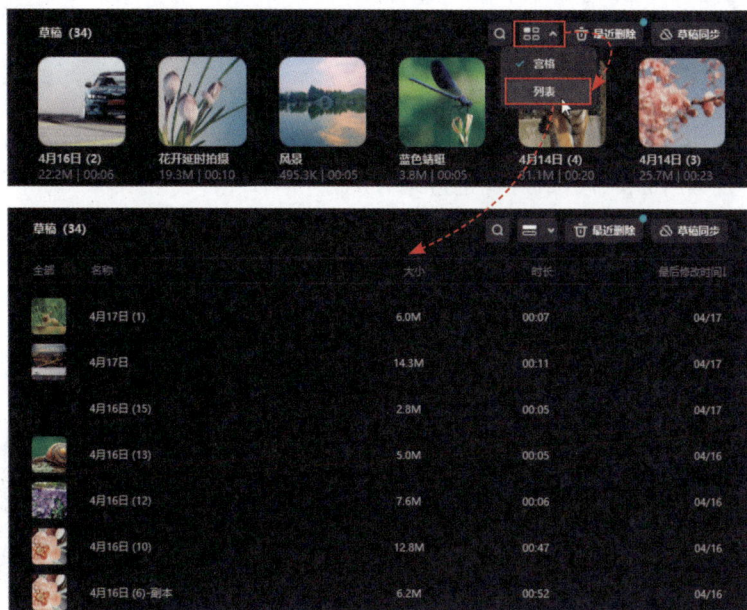

图 3-89

动手练　恢复删除的草稿

在草稿区中对视频执行删除操作后，这些视频并不会立刻被彻底删除，而是会保留30天再自动删除。用户可以在"最近删除"对话框中恢复或永久删除草稿。

步骤 01 在草稿区右上角单击 最近删除 按钮，打开"最近删除"对话框，该对话框中会显示最近30天内删除的草稿，在指定草稿上方右击，在弹出的快捷菜单中选择"恢复"按钮，即可将该草稿恢复到草稿区，如图3-90所示。

步骤 02 若要批量恢复被删除的草稿，可以依次单击多个草稿，将这些草稿选中，在对话框下方单击"恢复"按钮，即可将所选草稿恢复到草稿区，如图3-91所示。

图 3-90

图 3-91

3.5 导出视频

视频编辑完成后，需要将其导出，然后在各大短视频平台上发布。导出视频也有一些操作技巧，例如导出封面、设置视频分辨率和格式、导出音频、导出静帧画面等。

3.5.1 封面的制作和导出

封面是短视频给人的第一印象，一个好的封面可以吸引用户的注意力，增加点击观看的可能性。下面对短视频封面的制作和导出进行详细介绍。

1. 制作封面

使用剪映创作短视频时，可以从视频中选择一帧作为封面，也可以从本地导入图片作为封面。下面以使用视频中的画面创建封面为例进行介绍。

步骤 01 时间线轨道中的主轨道左侧提供"封面"按钮，单击该按钮，如图3-92所示。

图 3-92

步骤 02 打开"封面选择"对话框，默认状态下对话框中显示视频的第一帧画面，移动预览轴选择要设置为封面的画面，单击"去编辑"按钮，如图3-93所示。

步骤 03 若要直接使用所选画面，单击"完成设置"按钮即可完成封面的添加。此处需要对画面进行适当裁剪，因此单击预览图左下角的"裁剪"按钮，如图3-94所示。

图 3-93

图 3-94

步骤 04 拖动画面周围的裁剪控制点，调整好要保留的区域，单击裁剪框右下角的"完成裁剪"按钮，如图3-95所示。

步骤 05 拖动画面上方的裁剪框，设置好要保留的区域，单击"完成裁剪"按钮确认裁剪，随后单击"完成设置"按钮完成封面的制作，如图3-96所示。

图 3-95

图 3-96

使用内置模板和花字设置封面

"封面设计"对话框左侧包含"模板"和"文本"两个选项卡，默认打开的是"模板"选项卡，这里提供不同类型的文字模板，如图3-97。而在"文本"选项卡中则包含默认文本框和花字，如图3-98所示。用户可以使用这些功能向封面中添加文字。

图 3-97

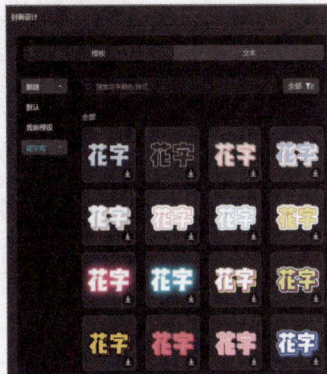

图 3-98

2. 导出封面

在剪映创作界面右上角单击"导出"按钮，打开"导出"对话框。视频添加封面后，对话框中会显示"封面添加至视频片头"复选框，勾选该复选框，同时设置视频的标题、导出位置以及其他参数，单击"导出"按钮即可将视频以及封面导出，如图3-99所示。

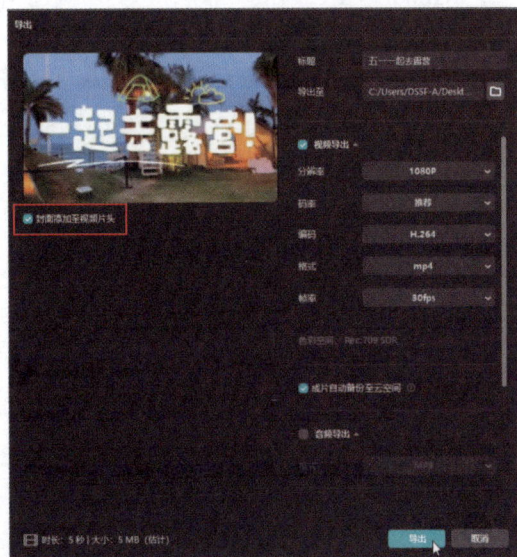

图 3-99

3.5.2 设置各项导出参数

用户在导出视频时可以根据需要设置分辨率、码率、编码、格式帧率等参数。在剪映创作界面右上角单击"导出"按钮，打开"导出"对话框，在"视频导出"组中可以对上述参数进行设置，如图3-100所示。

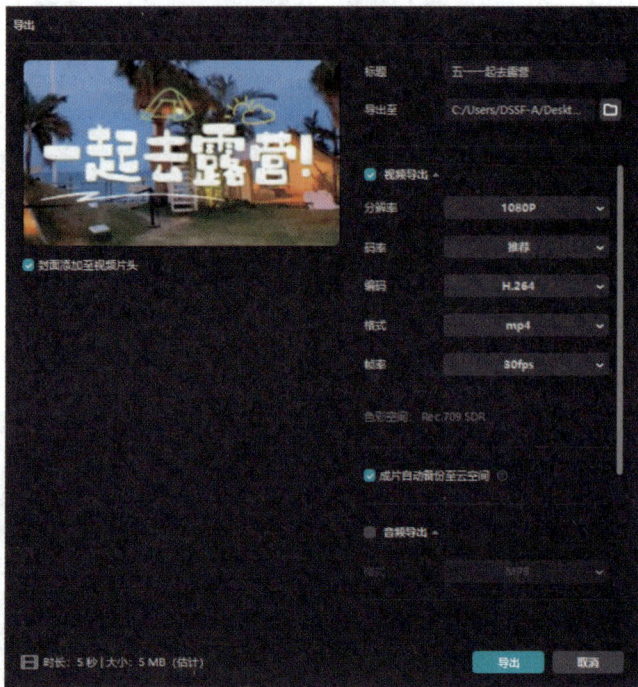

图 3-100

视频导出的各项参数说明如下。

- **分辨率**：决定视频画面的清晰程度和尺寸大小。剪映支持的分辨率包括480P、720P、1080P、2K、4K。分辨率越高，画面越细腻，细节越丰富；分辨率越低，画面可能模糊或出现锯齿。
- **码率**：控制视频文件的大小与画质平衡。码率越高，文件越大，画质越好；码率越低，文件越小，但可能出现压缩失真（如马赛克、模糊）。剪映支持可变码率（VBR），在复杂画面（如动作场景）时自动提高码率，保证画质。在"码率"下拉列表中选择"自定义"选项，系统会提供VBR和CBR选项。
- **编码**：决定视频的压缩算法和兼容性。不同编码格式（如H.265、H.264、HEVC）压缩效率不同，H.265比HEVC能节省约50%文件大小，但编码耗时更长。H.264兼容性最好，支持绝大多数设备，HEVC适合高分辨率视频（如4K），但部分老旧设备可能无法播放。
- **格式**：决定视频文件的类型和用途。MP4是最常用的格式，兼容所有平台；MOV适合苹果设备。
- **帧率**：控制视频的流畅度和动态表现。帧率像翻书的速度，决定动画的连贯性。帧率越高（如60fps），动作越平滑，适合游戏或体育视频；帧率越低，画面可能卡顿（如30fps以下）。

3.5.3 选择导入内容

新版本的剪映支持导出视频、音频、GIF以及字幕。在"导出"对话框中包含"视频导出""音频导出""GIF导出""字幕导出"复选框，用户可以通过勾选不同的复选框来决定导出的内容，如图3-101、图3-102所示。

图 3-101

图 3-102

动手练 导出静帧画面

剪映支持将动态视频中指定的某一帧直接导出为图片。下面介绍具体操作方法。

步骤 01 在时间线轨道中，将时间指针拖动至要导出为图片的那一帧，在播放器面板右上角单击■按钮，在展开的列表中选择"导出静帧画面"选项，如图3-103所示。

图 3-103

步骤 02 弹出"导出静帧画面"对话框，设置名称、导出位置、分辨率和格式，单击"导出"按钮，即可将时间指针位置的画面导出为图片，如图3-104所示。

图 3-104

63

3.6 实战演练：DeepSeek+剪映智能生成文旅宣传片

DeepSeek+剪映这对"科技+艺术"的黄金组合，正以破界之姿重构文旅宣传的想象空间。下面将以DeepSeek为引擎，以剪映为镜头，创作文旅宣传短视频。

步骤01 登录DeepSeek官网，在文本框中输入提示词：**请为武汉文旅宣传短视频生成一篇文案，文案内容包括当地的自然景观、人文景观、美食文化、文化符号、实用信息等，语句自然连贯，优美，不超过200字**。单击"深度思考"按钮，开启深度思考模式，随后发送提示词，如图3-105所示。

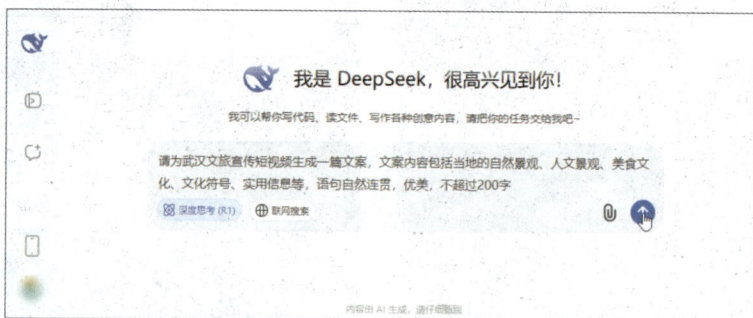

图 3-105

步骤02 DeepSeek经过深度思考给出武汉文旅宣传短视频文案。单击内容左下角的"复制"按钮，复制文案，如图3-106所示。

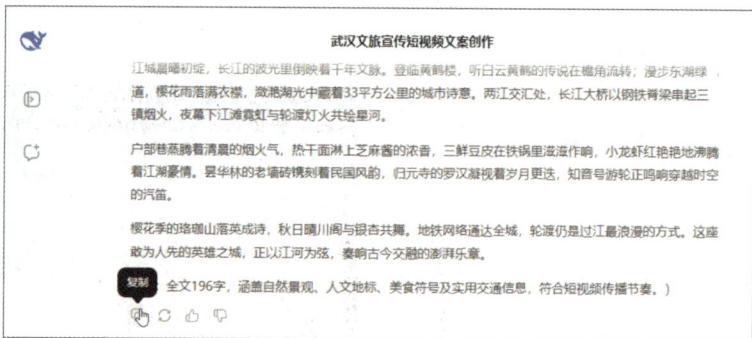

图 3-106

步骤03 启动剪映专业版，在首页中单击"图文成片"按钮，如图3-107所示。

图 3-107

步骤04 打开"图文成片"对话框。单击右上角的"自由编辑文案"按钮，如图3-108所示。

步骤05 在"自由编辑文案"文本框中定位光标，按Ctrl+V组合键粘贴文案，如图3-109所示。

图 3-108

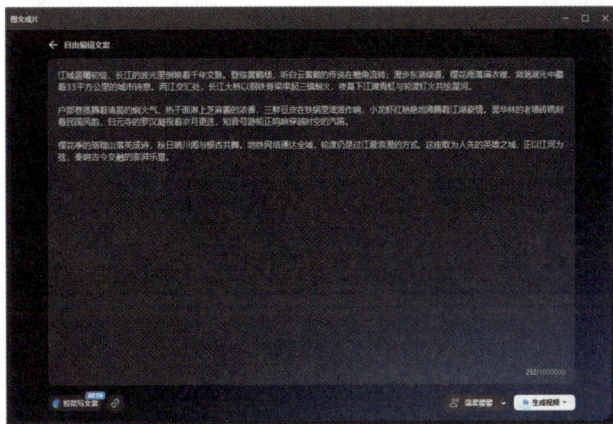

图 3-109

步骤 06 单击窗口右下角的"文本朗读"按钮，在弹出的菜单中包含大量的声音选项，单击按钮可以试听声音，选择一个合适的声音即可，如图3-110所示。

步骤 07 单击"生成视频"按钮，在弹出的菜单中选择"智能匹配素材"选项，如图3-111所示。

图 3-110

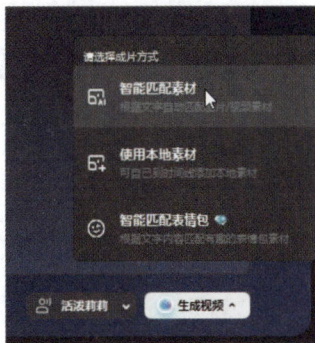

图 3-111

步骤 08 系统将根据文案自动匹配视频、图片、字幕以及背景音乐，并对字幕进行朗读。视频处理完毕后将自动在创作界面中打开，在时间线轨道中可以看到所有素材，用户可以根据需要继续对视频进行编辑，如图3-112所示。

图 3-112

第4章

视听：
短视频精剪及声画同步

在视频制作领域，视频精剪与声画同步是提升作品质量的关键环节。精剪旨在去冗存精，通过精准剪辑让故事脉络更清晰；声画同步则确保声音与画面完美契合，增强观众的沉浸感与代入感，二者共同铸就视频的卓越品质。本章对视频的精剪技能以及音频和字幕的编辑技巧进行详细介绍。

4.1 掌握精剪技能

短视频精剪是创作者将海量素材去芜存菁、重塑节奏的魔法。它要求强化故事张力，在有限时长内打造出节奏明快、吸引力十足的视听佳作。下面对视频精剪中的常见操作进行详细介绍。

4.1.1 蒙版的添加和编辑

蒙版可以帮助用户在视频或者图片上实现更加精确的遮罩，从而创造出更加独特的效果。

1. 蒙版的类型和作用

剪映中的蒙版包括线性、镜面、圆形、矩形、星形、爱心、文字、抠像以及钢笔9种类型。各种蒙版的作用及应用场景见表4-1。

表4-1

蒙版类型	作用	适用场景
线性	通过线性渐变控制画面透明度，实现从全显到渐隐的过渡效果	动态转场、光影模糊
镜面	将画面沿指定方向（水平/垂直）镜像翻转，或创建对称反射效果	倒影、对称构图
圆形	以圆形区域显示画面，其余部分隐藏或透明	聚焦、光圈效果
矩形	以矩形区域显示画面，支持自由调整长宽比例	分屏、局部放大
星形	以五角星区域显示画面	节日主题、创意视觉
爱心	以爱心形状显示画面，营造浪漫或温馨氛围	浪漫主题、动态贴纸
文字	以文字轮廓显示画面	文字镂空、动态字幕
抠像	通过智能抠图技术分离前景与背景，保留主体内容	人物/物体合成、动态遮罩
钢笔	通过自由绘制路径创建任意形状的蒙版	复杂形状、创意设计

2. 添加蒙版

在时间线轨道中添加两个视频素材，将需要添加蒙版的素材拖动至上方轨道，使两个素材的起始位置对齐，保持上方轨道中的素材为选中状态，如图4-1所示。

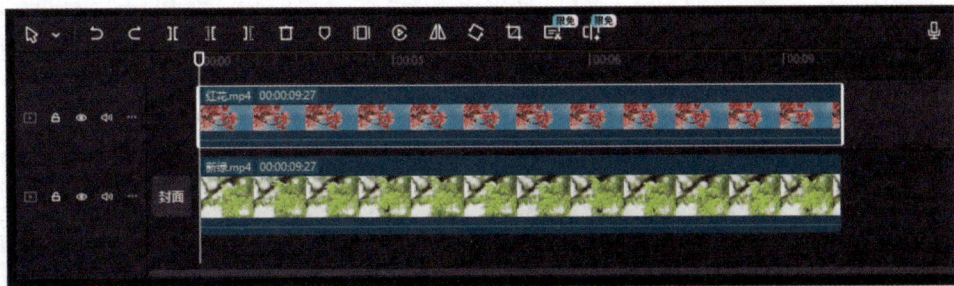

图 4-1

在功能面板中打开"画面"面板，切换至"蒙版"选项卡，在"蒙版"组中单击"添加蒙版"按钮，如图4-2所示。所选素材画面随即自动添加矩形蒙版（默认添加的蒙版），如图4-3所示。

图 4-2

图 4-3

3. 更改蒙版

若要更换蒙版，可以单击目标蒙版按钮。例如，单击"圆形"按钮，即可将蒙版更改为圆形，如图4-4所示。

4. 添加多个蒙版

新版本的剪映支持在同一个素材上添加多个蒙版。在蒙版组顶部单击■按钮，如图4-5所示，即可添加与前一个蒙版相同类型的蒙版。

图 4-4

图 4-5

5. 移动和缩放蒙版

新添加的蒙版与原来的蒙版重叠显示，此时只能在画面上看到一个圆形蒙版。将光标移动到蒙版上方，按住鼠标左键进行拖动可以移动蒙版2的位置，如图4-6所示。

在面板中选择需要编辑的蒙版，此处选择"蒙版1 圆形"，拖动第一个蒙版四个边角处的圆形控制点可以等比缩放该蒙版，如图4-7所示。若拖动蒙版四条边线上的圆柱形控制点，则可以在相应方向上增大或缩小画面比例。

图 4-6

图 4-7

6. 删除蒙版

在"蒙版"选项卡中将光标移动至需要删除的蒙版项目上方，单击该项目右上角的■按钮，（图4-8）即可将该蒙版删除，如图4-9所示。

图 4-8 图 4-9

7. 反转蒙版

反转蒙版的作用是将蒙版的遮罩效果进行反转，使原本被遮罩隐藏的部分显示出来，而原本显示的部分则会被遮罩隐藏。在"蒙版"选项卡中的"蒙版参数"组右侧单击"反转"按钮■，如图4-10所示，蒙版随即会被反转，如图4-11所示。

图 4-10 图 4-11

8. 旋转蒙版

旋转蒙版通过动态调整遮罩形状或角度来控制图像或视频特定区域的显示。在"蒙版"选项卡中为视频添加"线性"蒙版，如图4-12所示。在选项卡中的"蒙版参数"组内设置"旋转"参数，或直接在播放器面板中拖动■按钮即可旋转蒙版，如图4-13所示。

图 4-12 图 4-13

9. 蒙版羽化

为蒙版设置羽化效果可以让蒙版边缘逐渐模糊淡出，避免了突兀的画面转换，使画面过渡更加柔和自然，从而提升视频的整体质量。在蒙版选项卡中的"蒙版参数"组内拖动"羽化"

滑块，或在播放器面板中拖动 ⊗ 按钮，如图4-14所示，即可为蒙版添加羽化效果，如图4-15所示。

图 4-14

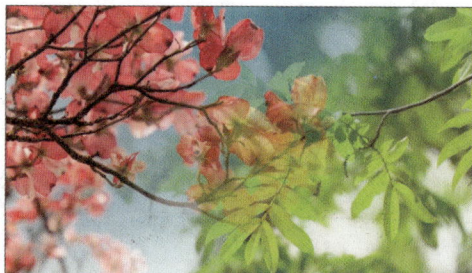

图 4-15

4.1.2　混合模式的类型

剪映专业版包含11种混合模式：正常、变亮、滤色、变暗、叠加、强光、柔光、颜色加深、线性加深、颜色减淡和正片叠底，如图4-16所示。这些混合模式可以改变图像的亮度、对比度、颜色和透明度的特性，从而创作出不同的视觉效果。

按照功能对混合模式进行分类，可以将其分为四类，分别为正常组、去亮组、去暗组和对比组。

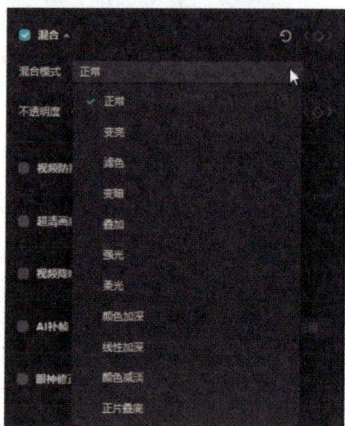

图 4-16

- **正常组：** 正常模式是默认的混合模式，上层图层完全覆盖下层图层，通过调节不透明度来显示下层图层。
- **去亮组：** 变暗、正片叠底、线性加深、颜色加深等模式可以去掉亮部，这种模式常用于处理底色为白色的视频。
- **去暗组：** 滤色、变亮、颜色减淡等模式可以去掉暗部。这种模式常用于处理底色为黑色的视频。
- **对比组：** 叠加、强光、柔光等模式可以增加图像对比度，从而产生各种视觉效果。

4.1.3　混合模式的应用

常用的混合模式包括变暗、变量、滤色、正片叠底等，下面使用"滤色"混合模式制作金鱼在星空中遨游的视频特效。

将"金鱼"和"星空素材"两个视频素材添加至时间线轨道，并将"金鱼"素材拖动至上方轨道，设置两个视频素材的起始位置相同。在功能面板中打开"画面"面板，在"基础"选项卡中的"混合"组内单击"混合模式"下拉按钮，在下拉列表中选择"滤色"选项，如图4-17所示。

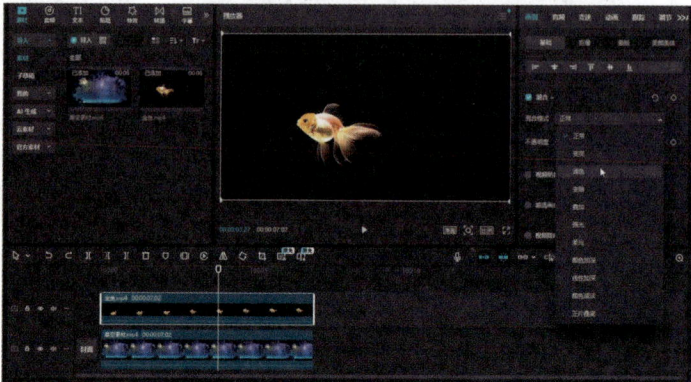

图 4-17

金鱼素材的黑色背景随即被去除，效果如图4-18所示。

图 4-18

4.1.4 调整视频透明度

通过调整不透明度，可以控制图像中各个像素的透明度，从而实现不同程度的画面混合效果。用户可以在任何一种混合模式下设置视频或图像的透明度。

在剪映中导入"荷花1"与"荷花2"两段视频素材，将"荷花2"移动至"荷花1"上方的轨道中，如图4-19所示。

图 4-19

保持"荷花1"素材为选中状态，在功能面板中打开"画面"面板，在"基础"选项卡中设置"混合模式"为"变亮"，如图4-20所示。

图 4-20

默认情况下所选素材的不透明度为"100%"，即不透明。"不透明度"越低，画面越透明，当参数值为0时，画面会完全透明。拖动"不透明度"滑块即可设置其参数。如图4-21所示。

图 4-21

动手练 "变暗"混合模式巧妙替换背景

"变暗"混合模式可以去掉画面中的亮色，保留暗色。下面使用该模式巧妙替换视频背景。

步骤01 将"草地牧场"和"奔跑的马群"两个视频素材拖动至时间线轨道，如图4-22所示。

图 4-22

步骤02 将"奔跑的马群"素材拖动至上方轨道，将两个视频素材的起始位置对齐，如图4-23所示。

图 4-23

步骤03 保持"奔跑的马群"素材为选中状态，在功能面板中打开"画面"面板，在"基础"选项卡中的"混合"组内单击"混合模式"下拉按钮，在下拉列表中选择"变暗"选项，如图4-24所示。

图 4-24

步骤 04 所选素材中的亮部随即被去除，下方轨道中的视频画面变为奔跑的马群背景，如图4-25所示。

图 4-25

4.1.5 灵活的关键帧

关键帧用于标记动画或视频中对象的关键位置、参数或状态（如位置、大小、颜色、透明度等）。例如，制作角色跳跃动画时，通过设置"起跳""最高点""落地"三个关键帧，即可快速定义动作的核心阶段。

在剪映中，用户可以为所选素材的不同参数添加关键帧。在功能面板中的各类参数右侧可以看到 按钮，这些按钮即为关键帧按钮，如图4-26所示。当需要为某个参数添加关键帧时，需单击关键帧按钮。添加关键帧后，按钮会变成 样式，如图4-27所示。

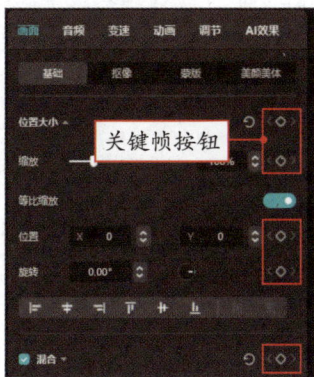

图 4-26

图 4-27

动手练 DeepSeek辅助制作拉镜头视频

DeepSeek不仅可以为用户提供各种创作思路、生成视频脚本等，还可以根据用户的提问，"传授"软件的使用方法。

步骤 01 打开DeepSeek，发送如下提示词：如果想用一张图片在剪映中制作出镜头推拉效果的动态视频，应该如何操作？如图4-28所示。

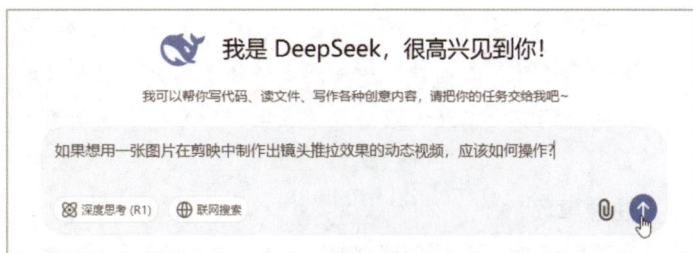

图 4-28

步骤 **02** DeepSeek返回内容如下。

DeepSeek

在剪映中使用单张图片制作镜头推拉效果（模拟缩放动态）可以通过关键帧动画实现，以下是详细操作步骤。

方法一：直接使用关键帧缩放

1. 导入素材

● 打开剪映，导入图片到时间线轨道。

2. 添加初始关键帧

● 选中图片，在视频起始位置点击工具栏的「关键帧」按钮（菱形图标），添加第一个关键帧。

● 在预览窗口中手动缩小图片（双指捏合）或通过参数调整（点击「调节」→「缩放」数值，例如设为80%）。

3. 添加结束关键帧

● 移动时间线到片段末尾，再次点击「关键帧」按钮。

● 放大图片（双指外拉或调整「缩放」数值，例如120%）。

4. 效果预览

● 播放时图片会从缩小状态平滑放大，模拟镜头推进效果。若想实现拉远效果，只需反转关键帧（从大到小）。

方法二：结合「动画」功能

1. 选择入场/出场动画

● 选中图片，点击「动画」→「入场动画」。

● 选择「缩放」动画，调整时长和幅度（适合快速简单效果）。

2. 自定义动画路径

● 若需要更复杂运动（如先推后拉），可结合以下多个关键帧：

◆ **起始帧**：图片原始大小（100%）。

◆ **中间帧**：放大到150%（推进）。

◆ **结束帧**：缩回100%（拉远）。

增强真实感的技巧

● **添加动态模糊**：在关键帧之间点击「调节」→「特效」，搜索「动态模糊」轻微叠加。

● **配合旋转**：在关键帧中微调「旋转」参数（1°~2°），模拟手持镜头效果。

● **背景填充**：若放大后图片边缘穿帮，可先「复制图层」并放大底层图片作为背景。

注意事项

● **画质保障**：原图分辨率越高越好，避免放大后模糊。

- **节奏控制**：关键帧间隔越长，运动越慢，反之越快。

通过以上方法，单张图片也能呈现专业级的推拉镜头动态效果。

步骤 03 这里选择DeepSeek提供的第一种方法，使用关键帧进行操作。将"猫"图片素材拖动至时间线轨道，将时间指针定位于素材起始位置，在功能面板中打开"画面"面板，在"基础"选项卡中设置"缩放"参数为"165%"，以适当放大画面，单击该参数右侧的关键帧按钮，在时间指针位置添加关键帧，如图4-29所示。

图 4-29

步骤 04 将时间指针移动至素材结束位置，在"画面"面板中的"基础"选项卡中修改缩放参数为"100%"，保持关键帧按钮为点亮状态，为素材结束位置添加关键帧，如图4-30所示。

图 4-30

预览视频，此时静态图片已经变为拉镜头效果的动态视频，如图4-31所示。

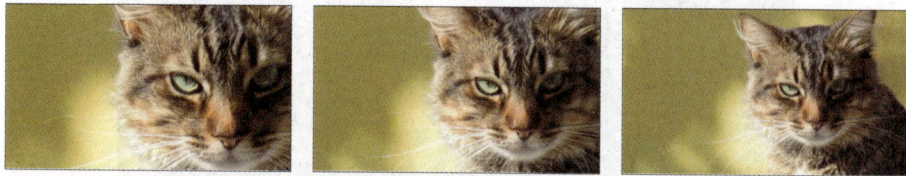

图 4-31

动手练 蒙版+关键帧实现动态转场

为蒙版添加关键帧可以制作出各种转场效果，下面利用圆形蒙版，配合关键帧制作出圆形扩散自然转场效果。

步骤 01 将"豹1"和"豹2"视频素材导入时间线轨道。将时间指针定位于00:00:05:25时间点，将"豹2"拖动至上方轨道，使其起始位置与时间指针对齐。保持"豹2"为选中状态，在功能面板中的"画面"面板内选择"蒙版"选项卡，单击"添加蒙版"按钮，如图4-32所示。

图 4-32

步骤 02 将蒙版更改为"圆形"，设置"羽化"参数为20，如图4-33所示。

步骤 03 在播放器面板中拖动蒙版四个边角处的任意一个圆形控制点，将蒙版缩放至最小（或在面板中设置"大小"参数的"宽"为1，"高"为0），单击"大小"参数右侧的关键帧按钮，如图4-34所示。

图 4-33

图 4-34

步骤 04 在时间线轨道中移动时间指针，使其与"豹1"的结束位置对齐，在"蒙版"选项卡中设置"大小"参数的"宽"和"高"均为2500，保持关键帧为点亮状态，如图4-35所示。

图 4-35

步骤 05 预览视频，查看圆形扩散转场效果，如图4-36所示。

图 4-36

4.1.6 视频抠图

剪映专业版提供智能抠像、自定义抠像、色度抠图三种抠图工具。它们各自有不同的适用场景和操作方式。在实际应用中用户需要根据具体情况选择合适的抠图工具。三种抠图工具的说明见表4-2。

表4-2

类型	功能特点	适用场景
智能抠像	利用AI技术自动识别视频中的人物或物体轮廓，并去除背景，无须手动调整，一键完成抠像。对复杂背景的识别可能不够精准	简单背景，主体轮廓清晰的视频
自定义抠像	通过画笔、橡皮擦等工具手动绘制或擦除背景，适合处理复杂边缘或AI识别不准确的部分	背景复杂或主体边缘模糊的视频
色度抠图	通过选择特定颜色来去除背景，对背景颜色要求较高，杂色或光照不均可能影响效果	使用绿幕、蓝幕或其他单一背景拍摄的视频

在功能面板中的"画面"面板内打开"抠像"选项卡，用户可以在此选择并使用所需抠图工具，如图4-37所示。

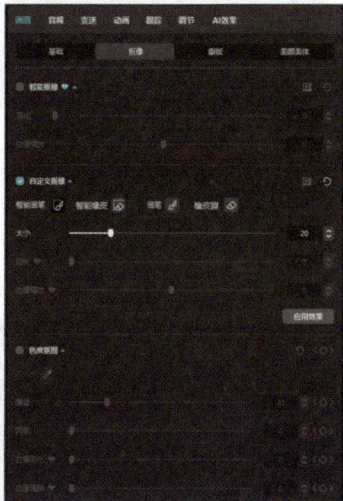

图 4-37

动手练 抠除绿幕，制作移步换景效果

下面使用"色度抠图"功能，抠除前景中的绿幕背景，将下层轨道中的风景与前景混合，制作移步换景的效果。

步骤 01 将"海边"和"岩石栏杆绿幕素材"视频拖动至时间线轨道。将"岩石栏杆绿幕素材"拖动至上方轨道，两个视频素材的起始位置对齐，如图4-38所示。

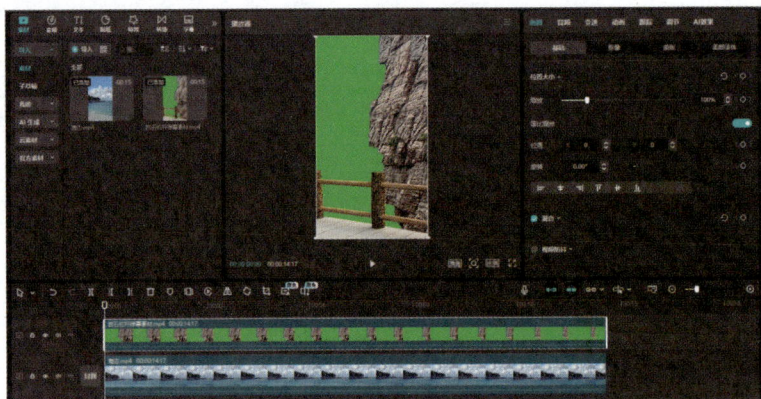

图 4-38

步骤 02 保持上方轨道中的绿幕素材为选中状态，在功能面板中的"画面"面板内打开"抠像"选项卡，勾选"色度抠图"复选框，单击"取色器"按钮，如图4-39所示。

步骤 03 将光标移动至画面中的绿幕区域，单击即可将绿幕抠除，如图4-40所示。

图 4-39

图 4-40

步骤 04 抠除绿幕后，可以在面板中调整强度、阴影、边缘羽化、边缘清除参数，使绿幕抠除得更彻底，边缘更自然，如图4-41所示。

步骤 05 制作完成后预览视频，查看移步换景效果，如图4-42所示。

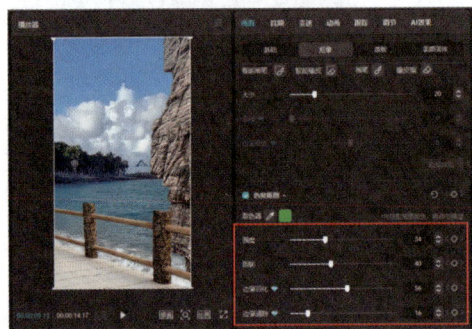

图 4-41

图 4-42

4.1.7 动画的应用

剪映中包含丰富的动画类型，适用于图片、视频、贴纸、文字、关键帧等多种元素，并支持动画时长调节，以及动画效果实时预览。用户只需通过简单操作，便可轻松打造从基础动态到创意特效的视觉呈现。下面为贴纸添加动画。

将视频素材拖动至时间线轨道，然后在视频起始位置添加一个贴纸，如图4-43所示。在时间线轨道中调整好贴纸的播放时长，在播放器面板中调整好贴纸的大小和位置，如图4-44所示。

图 4-43　　　　　　　　　　　　　　　　图 4-44

保持贴纸为选中状态，在功能面板中打开"动画"面板，在"入场"选项卡中选择"放大"动画，如图4-45所示。在面板底部拖动滑块调整动画时长，如图4-46所示。

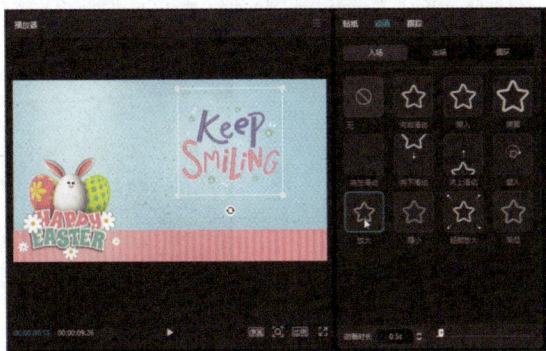

图 4-45　　　　　　　　　　　　　　　　图 4-46

为贴纸添加动画后，预览视频，查看动画播放效果，如图4-47所示。

图 4-47

4.2 音频的添加和编辑

音频在短视频中是塑造沉浸式体验的核心要素。例如，背景音乐与画面节奏的精准匹配能够强化情感共鸣，旁白解说、方言配音等可以高效传递信息，提示音效、节奏卡点能够提升用

户互动转化，环境音可以构建真实场景感。音频的加持实现了从视觉内容到多维感官体验的
升级。

4.2.1　处理视频原声

在剪映中处理视频原声有多种方式。可轻松关闭原声；能进行降噪操作，减少背景噪声干扰，让声音更纯净；还支持将视频中的音频和画面分开处理，方便单独对音频进行编辑。

1. 关闭原声

将视频素材添加至时间线轨道，单击轨道左侧的"关闭原声"按钮，即可将当前轨道设置为静音模式，如图4-48所示。

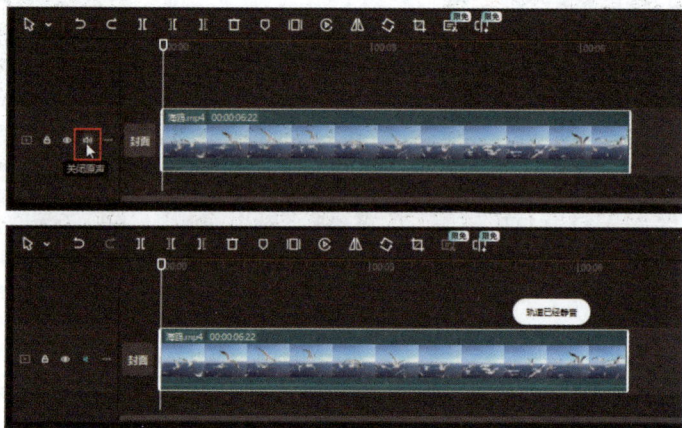

图 4-48

2. 音频降噪

"音频降噪"功能可有效降低视频原声中的杂音和噪声干扰，通过智能分析与处理，在保留音频原有重要信息及音质的基础上，让声音更加清晰、纯净，提升整体音频质量，使视频的听觉效果更佳。

在时间线轨道中选择需要进行降噪的视频，或包含音频的视频，在功能面板中打开"音频"面板，勾选"音频降噪"复选框即可完成操作，如图4-49所示。

图 4-49

3. 音画分离

音画分离是指将视频中的音频和画面元素进行分离。在时间线轨道中右击视频素材，在弹出的快捷菜单中选择"分离音频"选项，视频中的音频随即被分离出来，并在视频下方的音频轨道中显示，如图4-50所示。

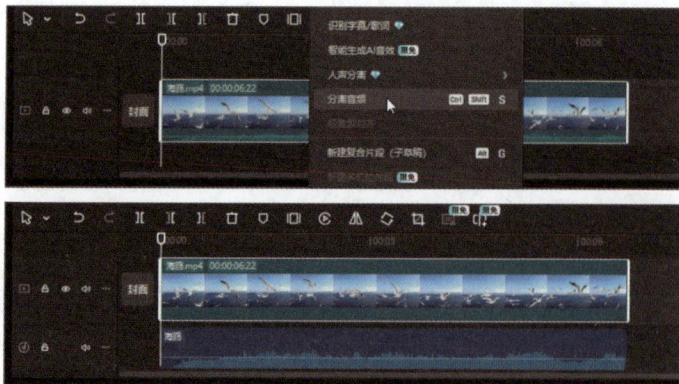

图 4-50

4.2.2 AIGC生成背景音乐

AIGC在音乐创作领域表现出强大潜力，它通过深度学习算法分析海量音乐数据（包括旋律、和声、节奏、乐器音色等特征），自动生成具备专业水准的原创音乐作品。该技术可基于用户输入的情感标签、风格参数或文本描述，实时创作符合需求的音乐片段，甚至完成从旋律编排到乐器配器的全流程制作。下面使用"海绵音乐"生成背景音乐。

登录海绵音乐官网（https://www.haimian.com/），打开"创作"界面，在"灵感创作"文本框中输入提示词，开启"纯音乐"开关，单击"生成音乐"按钮，如图4-51所示。系统随即生成三首纯音乐，生成的音乐在窗口右侧的"创作历史"区域中显示，单击音乐封面上的播放按钮可以试听音乐，单击 ⌄ 按钮，在展开的列表中选择"下载音乐"选项可以下载音乐，如图4-52所示。

图 4-51

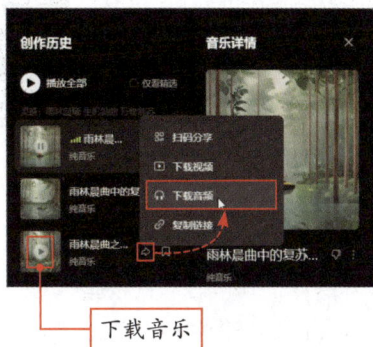
图 4-52

动手练 将背景音乐导入剪映

进行视频创作时可以将提前准备好的音频添加至剪映。添加音频和添加视频的方法基本相同。

步骤 01 在音频保存位置选择音频文件，按住鼠标左键向剪映时间线轨道中拖动，如图4-53所示。

步骤 02 松开鼠标后即可将音频素材添加至主轨道下方的音频轨道中，如图4-54所示。

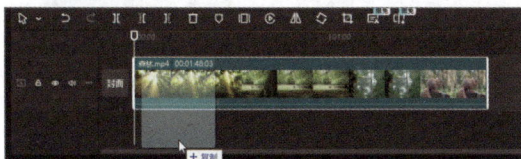
图 4-53

图 4-54

步骤 03 当音乐时长较短时，可以复制音频素材。选中音频素材，按Ctrl+C组合键进行复制，随后将时间指针移动至音频素材的结束位置，按Ctrl+V组合键进行粘贴即可，如图4-55所示。

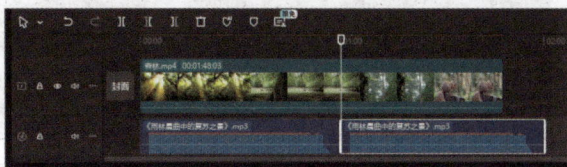
图 4-55

4.2.3 从音乐库中添加音乐

剪映的音乐库提供丰富的音乐资源，并根据音乐的类型进行详细分类，例如纯音乐、搞怪、国风、美食、轻快等。用户可以根据需要选择音乐。

1. 添加音乐

在素材面板中打开"音频"面板，切换到"音乐库"界面，选择一个音乐类型，此处选择"纯音乐"。在展开的界面中单击音乐选项可以加载音乐，并对音乐进行试听，加载成功后音乐选项右下角会出现■按钮，单击该按钮，即可将音乐添加至时间线轨道，如图4-56所示。

图 4-56

2. 裁剪音乐

添加音频后，可以裁剪音频，使其与轨道中的其他素材对齐。选中音频素材，移动时间指针确定好裁剪位置，在工具栏中单击"向右裁剪"按钮，即可删除时间指针右侧部分，如图4-57所示。若单击"向左裁剪"按钮，则可以删除时间指针左侧部分。

除了使用裁剪工具，也可以将光标移动至音频素材的起始或结束位置，光标变成■形状时按住鼠标左键进行拖动，即可快速裁剪音频，如图4-58所示。

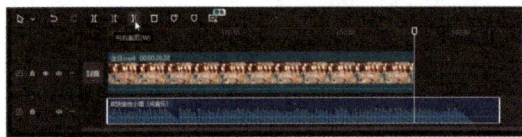

图 4-57

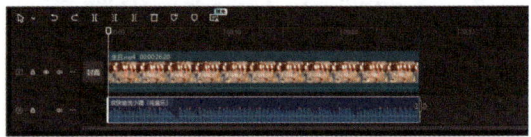

图 4-58

知识延伸

搜索音乐

若要从音乐库中快速找到指定音乐，可以通过搜索框进行搜索。在"音频"面板中打开"音乐库"界面，在顶部搜索框中输入音乐名称，或与所需音乐相关的关键词，如图4-59所示。按Enter键，界面中随即显示搜索到的音乐，单击音乐选项右下角的■按钮，即可将音乐添加至时间线轨道，如图4-60所示。

图 4-59

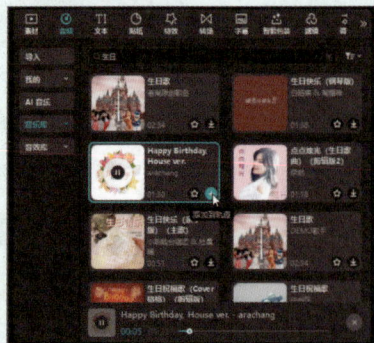

图 4-60

4.2.4　AI自动配乐

剪映的"AI音乐"能够通过AI算法自动匹配并生成适配的背景音乐。用户无须手动筛选音乐，只需输入关键词（如"旅行""励志""欢快"），AI即可快速分析内容特征，生成节奏、风格与视频高度契合的原创音乐或推荐曲库中的音乐片段。

在素材面板中打开"音频"面板，切换至"AI音乐"界面，在"输入要求"选项卡中选择音乐类型，此处选择"纯音乐"，在"描述你想要的音乐"文本框中输入关键词，单击"开始生成"按钮，如图4-61所示。系统随即生成三首时长为1分钟的音乐，单击音乐可以进行试听，单击音乐选项右侧的 按钮，则可将其添加至时间线轨道，如图4-62所示。

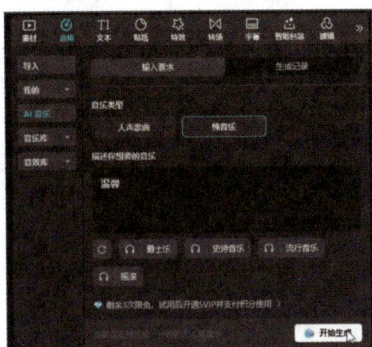
图 4-61

图 4-62

4.2.5　添加音效

音效的添加能够增强现场感、渲染场景气氛、描述人物的内心感受、构建场景以及增强视频的趣味性等作用。适当运用音效可以使得视频更加生动、有趣、具有感染力。

剪映音效库中包含大量音效素材，在素材面板中打开"音频"面板，切换至"音效库"界面，选择一个声音分类，此处选择"环境音"，随后单击音效选项加载并试听音效，单击音效右下角的 按钮，可将其添加至音频轨道，如图4-63所示。

图 4-63

4.2.6　录制声音

剪映支持在剪辑视频的过程中录制声音。在时间线轨道中将时间指针移动到开始录制声音的时间点，在工具栏中单击"录音"按钮，如图4-64所示。系统随即弹出"录音"对话框，单击"开始录制"按钮即可录制声音。

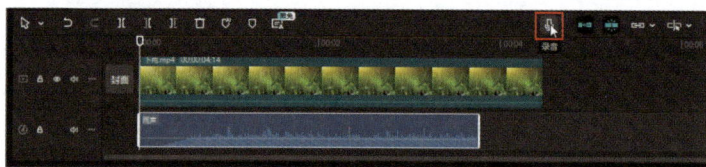

图 4-64

4.2.7 调节音量

编辑视频时可以根据需要调节音频的音量。剪映中提供多种调节音量的方法，下面进行详细介绍。

1. 在时间线轨道中快速调整音量

不论是带原声的视频还是单纯的音频文件，添加到剪映的时间线轨道中以后素材上方都会显示一条代表音量的横线，将光标移动到音量线上方，光标变成█形状时，按住鼠标左键进行拖动即可调整音量。向上拖动为增大音量，向下拖动为减小音量，如图4-65所示。

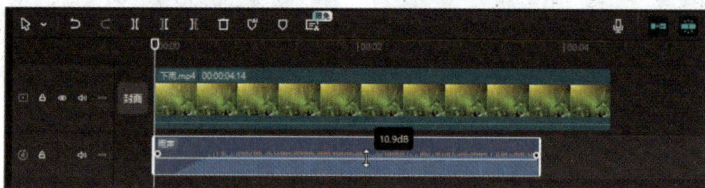

图 4-65

2. 在功能面板中调整音量参数

在时间线轨道中选择音频素材，在功能面板中的"基础"面板内拖动"音量"滑块即可调整音量大小，如图4-66所示。

若是选择包含音频的视频，则在功能面板中的"音频"面板内调整音量，如图4-67所示。

图 4-66

图 4-67

4.2.8 声音变调

剪映支持对声音进行变调处理，所谓"变调"即改变视频中声音的音调。声音变调需要在音频变速的情况下才能显现出效果，具体操作方法如下。

在时间线轨道中选择音频素材，在功能面板中打开"变速"面板，拖动"倍数"滑块设置音频变速，随后打开"声音变调"开关，所选音频即可变调，如图4-68所示。

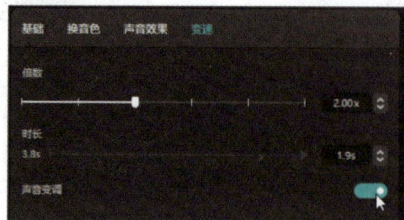

图 4-68

4.2.9 淡入淡出

为视频添加背景音乐时，为了防止音乐的突然出现或消失得太突兀，可以为音频设置淡入淡出效果。淡入可以让声音逐渐从无到有，淡出则可以让声音逐渐从有到无，使得音频的起始和结束更加自然。

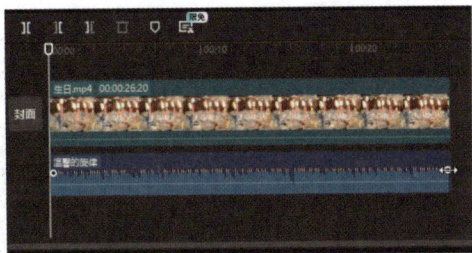

图 4-69

在时间线轨道中，将光标移动到音频素材上方，音频素材的两端会分别显示一个圆形的控制点，这两个控制点即淡入和淡出控制点，此处以设置音频淡出为例。将光标移动到音频结束位置的淡出控制点上方，如图4-69所示，光标变成⊙—◎形状时，按住鼠标左键进行拖动，即可为音频设置淡出效果，光标附近会实时显示淡出时长，如图4-70所示。设置淡入的方法和设置淡出基本相同，只需在音频起始位置拖动淡入控制点即可。

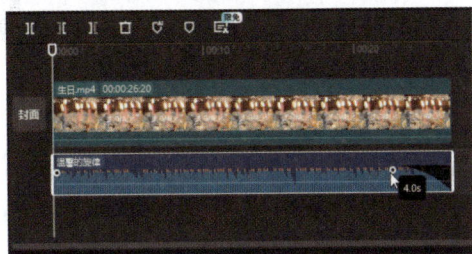

图 4-70

除了直接在轨道中设置音频的淡入、淡出效果，也可在功能面板中的"基础"面板内设置"淡入时长"和"淡出时长"参数，如图4-71所示。

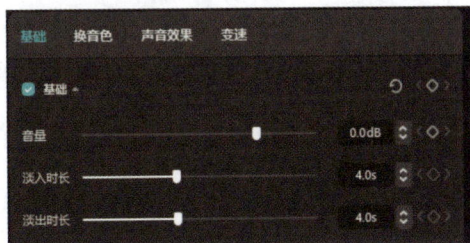

图 4-71

动手练 **提取视频中的声音**

若用户想要使用某个视频中的背景音乐、音效或人声，可以通过剪映提取该视频的声音。下面介绍具体操作方法。

步骤 01 在素材面板中打开"音频"面板，在"导入"界面中单击"音频提取"模块中的"导入"按钮，如图4-72所示。

步骤 02 打开"请选择媒体资源"对话框，选择需要提取音频的视频文件，单击"打开"按钮，如图4-73所示。

图 4-72

图 4-73

步骤 03 所选视频的音频随即被导入剪映，单击音频右下角的 ➕ 按钮即可将其添加至时间线轨道，如图4-74所示。

图 4-74

4.2.10 音乐踩点

剪映中的"添加标记"功能主要用于在时间轴上为特定位置添加标记点（如关键帧、转场点或音乐节奏点），便于快速跳转和编辑。其主要使用场景如下。

- **音乐踩点**：在音乐高潮或节奏变化处添加标记，辅助剪辑师精准卡点。
- **字幕同步**：为旁白或台词添加标记，确保字幕与音频时间轴完全匹配。
- **特效定位**：在需要添加转场、滤镜或贴纸的位置提前标记，避免遗漏。

下面重点介绍如何为音乐踩点。

1. 自动踩节拍

将音频素材导入时间线轨道，并保持其为选中状态，在功能区单击 🛡 "添加标记"按钮，在展开的列表中包含"无""踩节拍|""踩节拍||"三个选项，此处选择"踩节拍|"选项，如图4-75所示。音频素材随即被自动添加踩节拍标记，如图4-76所示。

图 4-75

图 4-76

2. 手动添加标记

除了自动踩节拍，也可以手动为音频素材或包含音频的视频素材添加标记点。在时间线轨道中选中音频素材，将时间指针移动到需要添加标记的位置，在功能区中单击"添加标记"按钮 🛡，如图4-77所示，即可在时间指针位置添加一个标记，如图4-78所示。

图 4-77

图 4-78

4.3 字幕的添加和编辑

字幕可以将视频中的对话、音乐、环境声音以及一些关键的信息等转换为文字，具有提高视频的可读性、辅助理解、传递重要信息、增强观看体验等作用。下面介绍剪映中字幕的添加和编辑方法。

■4.3.1 DeepSeek生成视频文案

DeepSeek可快速生成高度贴合主题的视频文案，显著提升创作效率，降低人力成本，同时支持个性化定制，助力创作者精准触达目标用户，实现高效、低成本的视频内容生产。

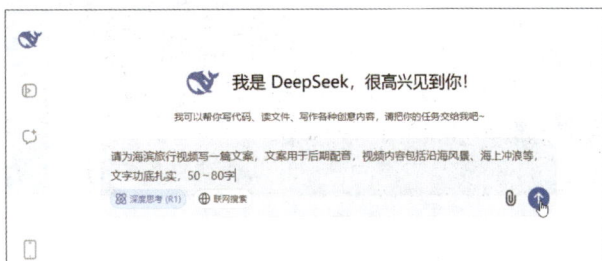

图 4-79

登录DeepSeek官网，在文本框中输入提示词：*请为海滨旅行视频写一篇文案，文案用于后期配音，视频内容包括沿海风景、海上冲浪等，文字功底扎实，50~80字*。开启"深度思考"，随后发送提示词，如图4-79所示。

系统经过深度思考后给出短视频文案，如图4-80所示。

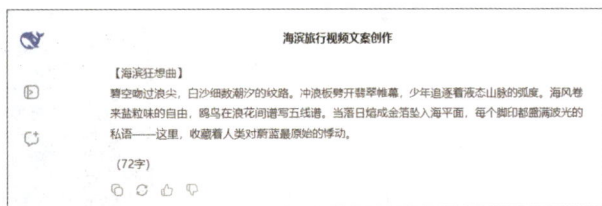

图 4-80

动手练 添加片头文字

在剪映中可以通过新建"默认文本"创建视频片头文字，并对文字效果进行编辑。下面介绍具体操作方法。

步骤 01 在时间线轨道中将时间指针移动到视频起始位置，在素材面板中打开"文本"面板，在"新建文本"界面中单击"默认文本"右下角的 按钮，向时间线轨道中添加一个默认的文本素材，如图4-81所示。

步骤 02 保持文本素材为选中状态，在功能面板中打开"文本"面板，在"基础"选项卡中的文本框内输入文本，如图4-82所示。

图 4-81

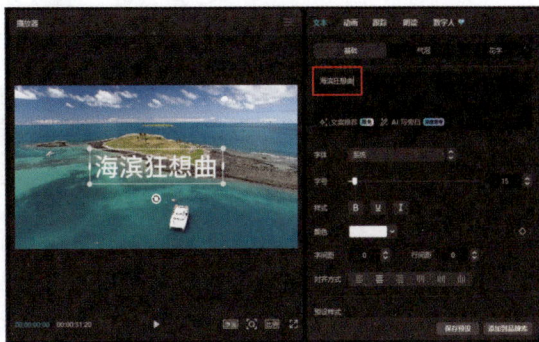

图 4-82

步骤 **03** 在播放器面板中拖动文本框四个边角处的任意一个圆形控制点将文本适当放大，随后在"基础"选项卡中设置字体、颜色、字间距参数，如图4-83所示。

步骤 **04** 勾选"阴影"复选框，适当调整"不透明度"参数，为文字添加阴影，如图4-84所示。至此完成片头文字的制作。

图 4-83

图 4-84

▌4.3.2 制作花字字幕

剪映中的"花字"是设置好样式的文字模板，通过丰富的颜色和字体效果提升视觉表现力，解决手动设置文本样式的麻烦。

在时间线轨道中拖动时间指针定位时间点，在素材面板中打开"文本"面板，单击"花字库"分组按钮，在展开的分组中选择一种花字类型，此处选择"黑白"选项，在打开的界面中选择一种花字，单击其右下角的 ➕ 按钮，将花字添加至时间线轨道，如图4-85所示。

图 4-85

保持花字素材为选中状态，在功能面板中打开"文本"面板，在"基础"选项卡中输入文本内容，随后在播放器面板中调整花字的大小和位置，如图4-86所示。

图 4-86

在时间线轨道中按Ctrl+C组合键复制花字素材，将时间指针移动到下一处需要添加字幕的时间点，按Ctrl+V组合键粘贴花字素材，随后在功能面板中修改文本，即可完成第二个花字字幕的制作，如图4-87所示。

图 4-87

预览视频，查看花字字幕的制作效果，如图4-88所示。

图 4-88

动手练 使用文字模板创建艺术字幕

剪映为用户提供海量的文字模板，这些模板不仅被设定了创意十足的文字样式，而且大部分文字模板还自带动画效果，用户可以根据需要修改模板中的文本内容，快速获得高质量的字幕。

步骤 01 保持时间指针定位于视频起始位置，在素材面板中打开"文本"面板，单击"文字模板"分组按钮，在展开的分组中选择"片头标题"分类，在需要使用的文字模板上方单击 ➕ 按钮，即可将文字模板添加至时间线轨道，如图4-89所示。

图 4-89

步骤 02 保持文字模板素材为选中状态，在功能面板中打开"文本"面板，在"基础"选项卡中修改文本内容，如图4-90所示。

图 4-90

步骤 03 预览视频，查看用文字模板制作的艺术字幕效果，如图4-91所示。

图 4-91

4.3.3　自动识别字幕与歌词图

剪映具备根据视频中的人声自动识别字幕和歌词的功能。下面介绍具体操作方法。

在时间线轨道中右击视频素材，在弹出的快捷菜单中选择"识别字幕/歌词"选项，如图4-92所示。剪映随即开始识别视频中的人声，识别完成后会自动生成字幕，字幕的位置将与声音的位置相匹配，如图4-93所示。

图 4-92

图 4-93

生成字幕后，可以快速设置字幕的样式，使字幕更美观，更利于阅读。在时间线轨道中选择任意一个字幕素材，在功能面板中打开"文本"面板，在"基础"选项卡的"预设样式"组内选择一个样式，如图4-94所示。视频中所有字幕随即应用该样式，如图4-95所示。

图 4-94

图 4-95

4.3.4 自动朗读字幕

剪映的文本朗读功能可以将字幕以语音的形式朗读出来，而且有多种音色选择，用户可以选择合适的声音为视频配音。

在视频中创建字幕后，选择一个字幕素材，在功能面板中打开"朗读"面板，在"文本朗读"选项卡中选择一个声音，单击"开始朗读"按钮，如图4-96所示。

图 4-96

时间线轨道中随即生成字幕朗读音频，音频的位置与字幕相对应，如图4-97所示。

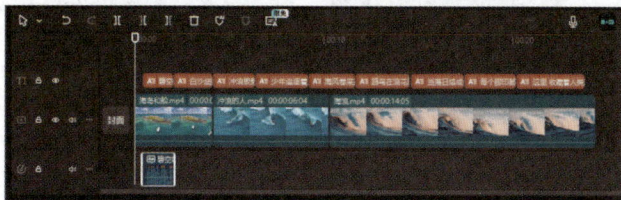
图 4-97

为了节省时间，避免重复操作，用户可以在时间线轨道中拖动光标批量选择要朗读的字幕素材，随后执行文本朗读操作，即可将所选字幕全部朗读出来，如图4-98所示。

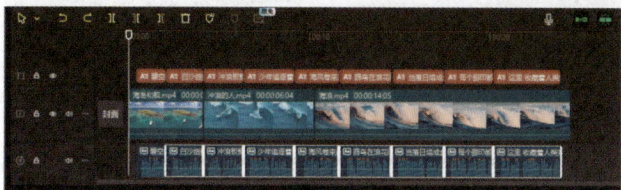
图 4-98

4.3.5 为字幕添加动画

为字幕添加动画能增强视觉吸引力、提升信息传达效果并丰富画面表现力。下面介绍具体操作方法。

在时间线轨道中拖动光标选择所有字幕素材，如图4-99所示。

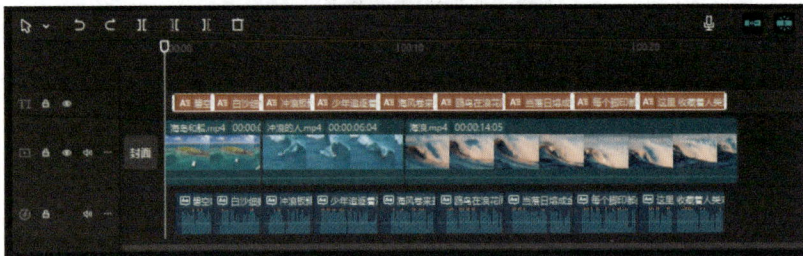

图 4-99

在功能面板中打开"动画"面板，在"入场"选项卡中选择"羽化向右散开"动画，设置动画时长为"0.8S"，如图4-100所示。随后切换至"出场"选项卡，选择"向上溶解"动画，如图4-101所示。

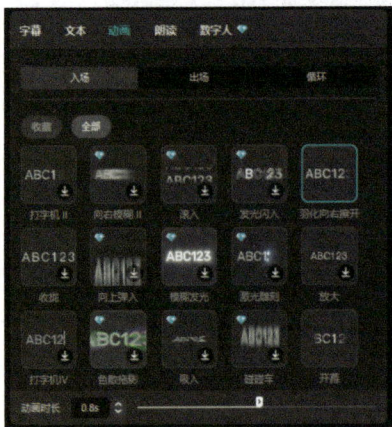

图 4-100

图 4-101

至此完成字幕动画的制作，预览视频，查看字幕的动画效果，如图4-102所示。

图 4-102

4.3.6 DeepSeek推荐合适的字体

打开DeepSeek，发送如下提示词：应该如何根据视频的类型选择合适的字体？
DeepSeek生成的内容如下。

DeepSeek

1. 严肃内容（纪录片/新闻/教育）

- **推荐字体**：无衬线体（如黑体、Arial、Helvetica）。
- **理由**：清晰易读，中性专业。
- **示例**：BBC纪录片常用简洁的白字黑边。

2. 娱乐内容（综艺/MV/短视频）

- **推荐字体**：手写体、圆体或创意字体（如Comic Sans、方正喵呜）。
- **理由**：活泼有趣，增强视觉冲击。
- **示例**：综艺字幕常用彩色动态字体。

3. 影视剧/电影

- **推荐字体**：衬线体（如宋体、Times New Roman）或优雅无衬线体。
- **理由**：传统感强，适合剧情氛围。
- **示例**：古装剧常用书法字体。

4. 商业广告/品牌视频

- **推荐字体**：品牌定制字体或简约现代字体（如思源黑体、Futura）。
- **理由**：统一品牌调性，突出高级感。

通用原则：

- 避免复杂字体（如哥特体、艺术字）影响阅读。
- 确保高对比度（白字黑边/深色背景浅色字）。
- 多语言视频选择通用字体（如Noto Sans支持多语种）。

4.4 实战演练：制作多屏拼接璀璨夜景短片

为多个视频轨道中的视频添加蒙版，并适当设置蒙版参数，可以设置出多屏拼接的艺术效果。在分屏显示的基础上再配合动画、关键帧、字幕、背景音乐等效果的应用可以制作吸引眼球的视频效果。

1. 制作分屏效果

步骤 01 将"城市夜景1""城市夜景2""城市夜景3"三个视频素材拖动至时间线轨道中，如图4-103所示。

图4-103

步骤 02 将三个视频拖动至不同轨道，使其开始位置对齐。对"城市夜景1"和"城市夜景2"的视频时长进行裁剪，使其结束位置与"城市夜景3"的结束位置对齐，如图4-104所示。

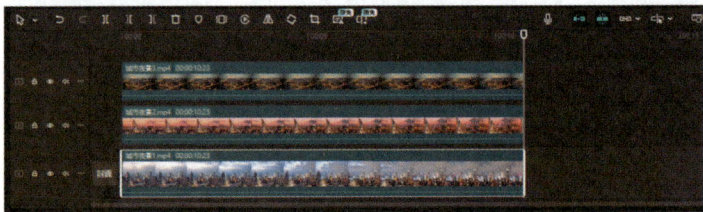

图 4-104

步骤 03 选择最顶端轨道中的"城市夜景3"视频素材，在功能面板中的"画面"面板内打开"蒙版"选项卡，单击"添加蒙版"按钮，为视频添加蒙版，随后更改蒙版类型为"线性"，如图4-105所示。

步骤 04 在"蒙版"选项卡中的"蒙版参数"组内设置"旋转"参数为"-90°"、"位置"参数的"X"值为"-350"，如图4-106所示。

图 4-105

图 4-106

步骤 05 选择中间轨道中的"城市夜景2"视频素材，为其添加"镜面"蒙版，如图4-107所示。

步骤 06 设置"旋转"参数为"90°"、"位置"参数的"X"值为"680"，如图4-108所示。

图 4-107

图 4-108

步骤 07 选择主轨道中的"城市夜景1"视频素材，为其添加"线性"蒙版，如图4-109所示。

图 4-109

步骤08 设置"旋转"参数为"90°"、"位置"参数的"X"值为"350"，如图4-110所示。

图 4-110

2. 制作分屏入场动画

步骤01 在时间线轨道中选择"城市夜景1"视频素材，在功能面板中打开"动画"面板，在"入场"选项卡中选择"向下甩入"动画，如图4-111所示。

图 4-111

步骤02 参照**步骤01**，继续为剩余两个视频素材添加"向下甩入"动画。分别拖动上方两个轨道中的视频素材，使"城市夜景2"的起始位置在"城市夜景1"的动画播放结束之后；"城市夜景3"的起始位置在"城市夜景2"的动画播放结束之后，如图4-112所示。

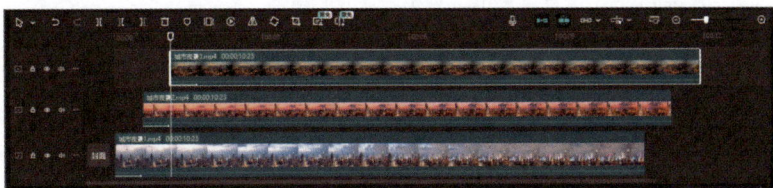

图 4-112

3. 制作分屏转全屏效果

步骤01 将"城市夜景2"视频素材拖动至最上方轨道中，起始播放位置不变，如图4-113所示。

图 4-113

95

步骤 **02** 保持"城市夜景2"为选中状态，将时间指针移动到00:00:02:00时间点，在功能面板中打开"画面"面板，切换至"蒙版"选项卡，单击"大小"参数右侧的关键帧按钮，如图4-114所示。

图 4-114

步骤 **03** 将时间指针移动到00:00:03:05时间点，在播放器面板中拖动 按钮，使"城市背景2"的视频画面全部显示出来，此时，时间指针位置会自动添加一个关键帧，如图4-115所示。

图 4-115

4. 制作字幕

步骤 **01** 将时间指针移动到00:00:03:18时间点，在素材面板中打开"文本"面板，单击"文字模板"分组按钮，在展开的分组中选择"片头标题"分类，单击"人间烟火"上方的 按钮，在时间指针位置添加文字模板，如图4-116所示。

步骤 **02** 在功能区中的"文本"面板内的"基础"选项卡中修改文字模板内容，如图4-117所示。

图 4-116

图 4-117

5. 添加背景音乐

步骤01 将时间指针移动至轨道最左侧，在素材面板中打开"音频"面板，单击"音乐库"分组按钮，在展开的分组中选择"流行"分类，随后选择一个合适的音乐，将其添加至轨道中，如图4-118所示。

图 4-118

步骤02 在时间线轨道中选择音频素材，将时间指针移动至"城市夜景2"视频结束位置，在工具栏中单击"向右裁剪"按钮，删除多余音频，如图4-119所示。随后将"视频夜景3"的结束位置也裁剪为与"视频夜景2"的结束位置对齐。

步骤03 拖动音频素材结束位置的淡出图标，设置淡出时长为"2.0s"，如图4-120所示。

图 4-119

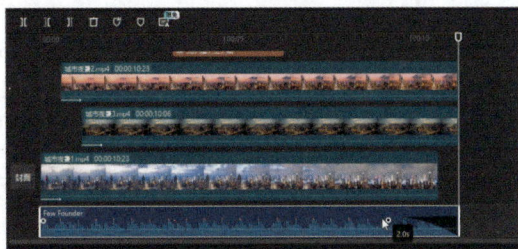

图 4-120

步骤04 至此完成璀璨夜景短片的制作。预览视频，效果如图4-121所示。

图 4-121

第 **5** 章

优化：
短视频品质全面提升

在视频制作中，巧妙运用滤镜、贴纸、特效与转场，可大幅提升质感。滤镜能校正色调、营造氛围，统一画面风格；贴纸以趣味图案点缀，补充信息、增强互动；特效为视频添奇幻效果，制造视觉亮点；转场则打破场景切换的生硬感，带来流畅节奏。这些技巧相互配合，从色彩、细节到节奏全方位优化，让普通素材变身质感佳作。

5.1 视频效果的优化

为视频添加滤镜、调节色彩或明度等可以改变视频的色调和整体质感，让视频更具高级感。另外，用户还可以使用美颜美体功能快速美化视频中的人像。

5.1.1 巧施滤镜重塑氛围与色调

剪映滤镜功能丰富，涵盖复古、清新、胶片等多种风格。用户可一键套用，快速改变视频色调氛围，还能自由调节滤镜强度，轻松打造个性化视觉效果，满足多样创作需求。

1. 滤镜的作用

剪映滤镜是提升视频视觉表现力的核心工具，其作用可归纳为以下3种。

（1）色彩重塑与风格定制

通过内置的海量专业级滤镜（如复古胶片、清新日系、赛博霓虹等），用户可一键校正画面偏色问题，或为日常素材赋予电影级质感。例如，"青橙"色调滤镜能强化画面冷暖对比，营造高级电影感；"老电影"滤镜通过颗粒感与划痕特效，让现代视频秒变复古胶片质感，尤其适合旅行Vlog、文艺短片场景。

（2）氛围营造与情绪传递

滤镜的明暗、饱和度及色调参数可精准匹配视频主题。拍摄美食时，选用高饱和暖色调滤镜可凸显食物色泽，激发食欲；暗黑系滤镜则适用于悬疑、恐怖类短剧，通过降低曝光与增强阴影，瞬间增强压迫感与叙事张力。此类"氛围滤镜"相当于视频的"情绪滤镜"，助创作者无须复杂调色即可传递特定情感。

（3）一键统一多素材视觉语言

在拼接多段不同设备拍摄的素材时，滤镜可快速解决色温差异、曝光不均等问题。例如将手机拍摄的暗光片段与单反拍摄的明亮画面，通过"冷暖统一"滤镜调整为一致的冷色调或暖色调，实现跨场景视觉连贯性，尤其适合旅行混剪、活动记录等需要整合多机位素材的场景。

2. 滤镜的添加和编辑

将视频素材添加至时间线轨道，让时间指针停留在视频起始位置。在素材面板中打开"滤镜"面板，单击"滤镜库"分组按钮，展开该分组。选择"风景"分类，随后单击"清新温和"滤镜上方的 按钮，将该滤镜添加至时间线轨道中，如图5-1所示。

图 5-1

添加滤镜后，在功能面板中的"滤镜"面板内拖动"强度"滑块，可以调整滤镜的强度，如图5-2所示。

图 5-2

在时间线轨道中将光标移动到滤镜素材的右侧边缘处，按住鼠标左键进行拖动，可以调整滤镜时长，如图5-3所示。

图 5-3

为视频添加滤镜前后的对比效果如图5-4、图5-5所示。

图 5-4

图 5-5

5.1.2 色彩调节提升画面表现力

提升画面表现力可以通过调整色温、色调、饱和度、亮度、对比度、清晰度等参数来实现，剪映提供多种调节画面的方式，包括基础调节、HLS调色、曲线调节以及色轮调节。

1. 基础调节

"调节"功能是视频后期调色与画面优化的核心工具，通过"色彩""明度""效果"三大分组，可系统性调整画面视觉风格，如图5-6所示。

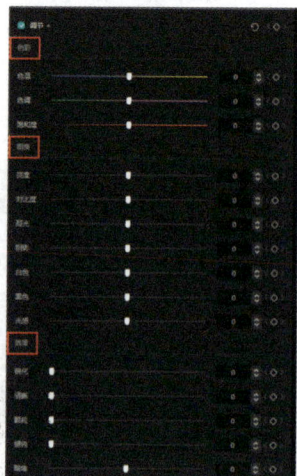

图 5-6

下面以调节画面色彩为例，介绍基础调节功能的应用。

将视频素材添加至时间线轨道，保持素材为选中状态，在功能面板中打开"调节"面板，在"调节"组中设置"色温"参数为"-50"、"色调"参数为"-50"、"饱和度"参数为"20"，如图5-7所示。

图 5-7

暖色调的视频随即被设置为冷色调，设置前后的对比效果如图5-8、图5-9所示。

图 5-8

图 5-9

2. HSL 调色

剪映中的HSL，包含红、橙、黄、绿、青、蓝、紫和洋红八种基本颜色。用于单独控制画面中的某一种颜色的色相、饱和度和亮度。HSL调色适合在需要精细调整照片中某种色彩的情况下使用。例如，在人像摄影中，更加精细地调整人物的肤色和嘴唇的颜色；在风景摄影中，更加准确地调整天空的蓝色和植物的绿色等。

下面以调整田野和天空的颜色为例，使田野更绿、天空更蓝。

将视频素材导入时间线轨道，保持视频素材为选中状态，在功能面板中打开"调节"面板，切换至"HSL"选项卡，如图5-10所示。

图 5-10

在"HLS"选项卡中选择绿色，设置色相参数为"100"，设置饱和度参数为"37"，设置亮度参数为"−17"，让田野变得更翠绿，如图5-11所示。

图 5-11

在选项卡中选择蓝色，设置饱和度参数为"70"，增加天空的蓝色程度，如图5-12所示。

图 5-12

使用HSL调色的前后对比效果如图5-13、图5-14所示。

图 5-13

图 5-14

知识延伸

除了系统提供的8种固定的颜色，用户也可以通过吸管工具，从画面中吸取系统没有提供选项的颜色，如图5-15所示。颜色吸取成功后，选项卡中会出现相应颜色选项，用户可以对色相、饱和度以及亮度进行调整，如图5-16所示。

图 5-15

图 5-16

3. 曲线调节

曲线调色通过调整曲线的形状来改变图像的色彩和明暗。剪映的"曲线调色"由亮度、红色通道、绿色通道以及蓝色通道四种曲线组成。亮度曲线用于调整画面的亮度；红、绿、蓝通道曲线则用于调整图像或视频的颜色。在属性调节区中的"调节"面板内打开"曲线"选项卡，可以看到这四条曲线，如图5-17所示。

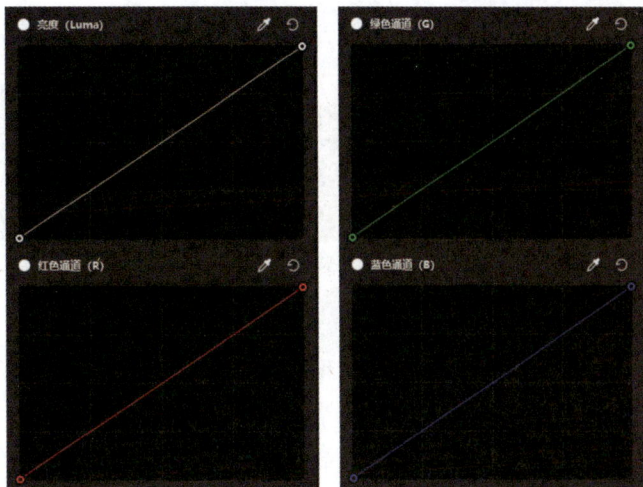

图 5-17

在曲线调色中，每个通道中的线条表示该通道颜色的亮度分布。线条上的点可以用来调整该通道颜色的亮度、对比度和饱和度等参数。通过调整线条上的点，可以改变图像或视频的色彩和明暗分布。下面通过调整红色曲线，减少画面中较暗红色的饱和度和亮度。

将视频素材导入时间线轨道，保持视频素材为选中状态，在功能面板中打开"调节"面板，切换至"曲线"选项卡。将光标移动至"红色通道"中的红色线条上方，在线条靠下方的位置单击，添加点，如图5-18所示。

图 5-18

向下方拖动红色线条上的点，同时注意观察画面的变化，当调整至理想状态时松开鼠标即可，如图5-19所示。

图 5-19

使用曲线调色前后的对比效果如图5-20、图5-21所示。

图 5-20   图 5-21

4. 色轮调节

色轮主要通过对色调、饱和度和亮度等参数进行调整，改变视频的颜色。剪映提供 "一级色轮" 和 "log色轮" 两种模式。"一级色轮" 提供暗部、中灰、亮部、偏移四个色轮，如图5-22所示。"log色轮" 提供阴影、中间调、高光、偏移四个色轮，如图5-23所示。

图 5-22   图 5-23

一级色轮和log色轮的作用和区别见表5-1。

表5-1

工具名称	主要作用	主要应用场景
一级色轮	主要用于快速调整画面整体色调、明暗关系和色彩平衡。适合普通视频素材或对色彩要求不高的快速调色。修复白平衡问题（如画面偏黄/偏蓝）	修复白平衡问题（如画面偏黄/偏蓝）、快速调整画面冷暖色调、增强对比度时配合明暗部分的色彩分离（例如阴影加青、高光加橙）
log色轮	针对专业Log格式素材（如SLog、VLog等）设计的调色工具，支持更精细的色彩还原和风格化调色，保留更多动态范围细节	处理专业相机拍摄的Log素材（如索尼S-Log、佳能C-Log等）、需要高动态范围调色（如保留天空细节同时提亮暗部）、电影感调色或复杂色彩分级

每个色轮均由颜色光圈、色倾滑块、饱和度滑块、亮度滑块四个主要部分组成，色轮下方会显示红色、绿色和蓝色三个颜色参数，如图5-24所示。拖动色轮中的各种滑块，可以对视频的色彩、饱和度、亮度等进行调整。

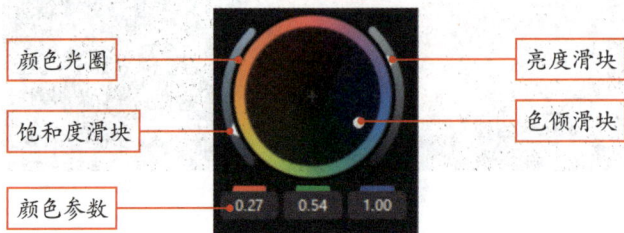

图 5-24

动手练 色轮调色优化视频效果

下面使用色轮功能快速调整视频的色彩，使画面色彩更艳丽，效果更通透。

步骤 01 将"麋鹿"视频素材拖动至时间线轨道，保持视频素材为选中状态，在功能面板中打开"色轮"面板，如图5-25所示。

图 5-25

步骤 02 使用默认的"一级色轮"，分别在四个色轮上拖动"饱和度"滑块，分区域调整画面饱和度，在"亮部"色轮中拖动"色倾"和"亮度"滑块，适当调整亮部的色彩和亮度，如图5-26所示。

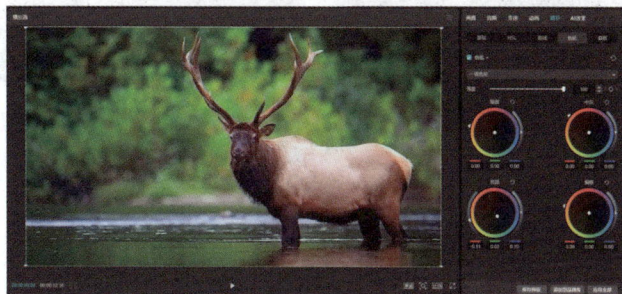

图 5-26

步骤 03 使用"色轮"调色的前后对比效果如图5-27、图5-28所示。经过调整，画面中的背景颜色变得更加鲜艳，水面看起来更清透。

图 5-27

图 5-28

5.1.3 使用美颜美体功能

剪映的"美颜美体"功能是一项集成化的人像美化工具，可针对视频或照片中的人物形象进行精细化调整。例如，通过调整皮肤质量、美白、瘦脸、大眼等来美化人脸部的外貌，以及通过瘦身、宽肩、长腿、瘦腰等功能，调整身体比例和肌肉线条，使画面中的身体更加美观。

在功能面板中打开"画面"面板，切换至"美颜美体"选项卡。在"美颜"和"美体"界面中包含多个分组，包括"皮肤管理""肤色""脸型""五官精修""美妆""手动精修""智能美体"以及"手动美体"，如图5-29、图5-30所示。用户可以根据需要调整各项参数，对画面中的人物进行美化。

 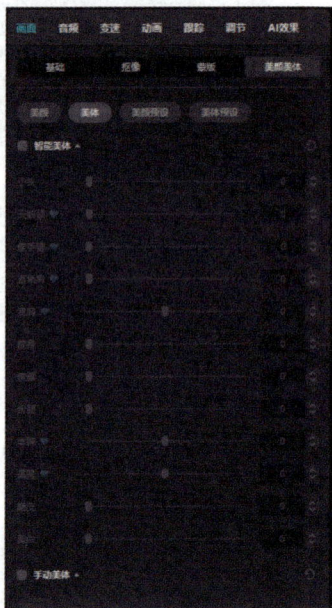

图 5-29   图 5-30

动手练 **DeepSeek提供人物美化方案**

下面使用DeepSeek提供人物美化方案，然后根据视频的实际问题，在剪映中执行剪辑。

步骤01 打开DeepSeek，发送下列提示词：你是一名视频剪辑师，使用的剪辑工具是剪映，正在剪辑的一段素材中的人物皮肤状态不理想，而且是素颜状态，应该如何快速对这个人物进行美化。

步骤02 DeepSeek返回内容如下。

DeepSeek

1.基础肤色调整

（1）美颜美体功能（最快捷）

- 单击素材 → 工具栏选择「美颜美体」→ 开启「美颜」。
- 调整参数。
    - ◆**磨皮**：适度拉高（50%～70%），避免过度模糊。
    - ◆**瘦脸/大眼**：根据人物脸型微调（20%～30%更自然）。
    - ◆**美白**：提升肤色亮度（注意不要过曝）。
    - ◆**祛痘/祛法令纹**：局部修饰瑕疵（小范围使用）。

（2）手动补充（精细调整）

如果美颜效果不足，可用「调节」功能。

- HSL工具：选中肤色（橙色/红色），降低饱和度、提高亮度，让皮肤更干净。
- 对比度/高光：降低对比度（-10）、提亮高光（+5），柔化皮肤。

2. 局部细节处理

（1）祛斑/黑眼圈

- 使用「贴纸」中的「遮挡贴纸」（如心形、模糊贴纸）覆盖明显瑕疵，调整贴纸透明度并融合肤色。
- 或用「特效」→「基础」→「模糊」+ 蒙版圈定瑕疵区域（适合静态镜头）。

（2）唇色/气色

- 滤镜：选择「人像」类滤镜（如「奶油」「清透」），透明度调至50%左右。
- 调节：单独增加唇部饱和度（HSL选中红色）。

3. 光影优化

补光效果操作如下。

- 添加「特效」→「光影」→「柔光」或「发光」，强度调低（10%~15%），模拟打光效果。
- 或用「调节」→「曲线工具」提亮中间调。

4. 动态镜头注意

跟踪美颜如下。

- 如果人物移动，在「美颜美体」中勾选「跟随画面」或手动添加关键帧。
- 避免磨皮过高导致边缘模糊，可配合「锐化」（+10~15）恢复细节。

5. 最终统一色调

整体调色操作如下。

- 叠加滤镜：「质感」→「净白」或「冷白」，透明度30%。
- 用「调节」统一色温（偏冷色调更显干净）。

6. 注意事项

- 自然感优先：参数不要拉满，保留皮肤纹理。
- 对比预览：关闭/开启效果，检查是否失真。
- 分段处理：不同镜头光线不一致时分开调整。

剪映的自动美颜已足够高效，若需更精细处理（如痘痘、皱纹等特写），建议导出后用Snapseed或醒图局部修复后再导回进行剪辑。

参考DeepSeek提供的方案，再结合视频素材的实际问题，用户可以执行以下操作。

步骤 03 将"手捧鲜花的女生"视频素材拖动至时间线轨道，保持视频素材为选中状态，在功能面板中打开"画面"面板，切换至"美颜美体"选项卡。在"美颜"界面勾选"皮肤管理"复选框，在其分组中设置"磨皮"和"美白"参数均为"60"，如图5-31所示。

步骤 04 在"美颜"界面勾选"美妆"复选框，在其分组中的"套装"分类内选择一个满意的妆容，此处选择"心动"选项，如图5-32所示。

图 5-31

图 5-32

步骤 05 为人物设置磨皮、美白以及应用妆容的前后对比效果如图5-33、图5-34所示。

图 5-33

图 5-34

5.2 用贴纸增加视频趣味性

"贴纸"的作用是为视频添加各类装饰性、功能性或创意性元素（如表情、图标、特效图案等），以丰富画面内容、强化视觉表达、营造氛围或辅助信息传达，从而提升视频趣味性与观赏性。

5.2.1 添加贴纸

剪映素材面板中提供了丰富的贴纸类型，包括互动、边框、指示、遮挡、美食、美妆、旅行、假日等。另外剪映还会根据季节、节日、时事热点等实时更新贴纸。

在媒体面板中打开"贴纸"面板，打开"贴纸库"分组。在展开的分组中选择所需类型，此处选择"季节"分类，在想要使用的贴纸上方单击 ⊕ 按钮即可添加该贴纸，如图5-35所示。

图 5-35

5.2.2 编辑贴纸

保持贴纸为选中状态，在功能面板中的"贴纸"界面内可以对缩放、位置、旋转等参数进行设置，或直接在播放器面板中使用鼠标拖曳来控制贴纸的大小、位置以及旋转角度，如图5-36所示。

图 5-36

动手练 为贴纸设置运动跟踪

当需要让贴纸始终追随视频中某个物体一同运动时，可以为贴纸设置运动追踪。这一功能常用于给人物脸上添加动态表情贴纸（如墨镜、猪鼻子等），随人物转头、走动自动调整位置，或在产品视频中，让价格标签贴纸始终悬浮在商品上方，保持信息清晰。

步骤01 将"手捧鲜花的女生"视频素材拖动至时间线轨道，保持时间指针停留在素材起始位置。在素材面板中打开"贴纸"面板，单击"贴纸库"分组按钮，展开该分组，选择"遮挡"分类，选择一个墨镜贴纸，单击其上方的 ⊕ 按钮，将其添加至时间线轨道，如图5-37所示。

步骤02 在播放器面板中拖动贴纸四个边角处的任意一个圆形控制点，调整墨镜大小，将光标移动到 ◎ 按钮上方，按住鼠标左键同时拖动旋转墨镜的角度，最后将墨镜移动到眼睛上方，如图5-38所示。

图 5-37

图 5-38

步骤 03 在时间线轨道中，将光标移动到贴纸素材右侧，光标变成 ⊞ 形状时按住鼠标左键进行拖动，使其结束位置与下方轨道中的视频素材结束位置对齐，如图5-39所示。

图 5-39

步骤 04 保持贴纸素材为选中状态，在功能面板中打开"跟踪"面板，单击"运动跟踪"按钮，画面上方随即出现跟踪框，如图5-40所示。

步骤 05 在播放器面板中将跟踪框拖曳至人物的任意一个眼睛上方，并缩放及旋转跟踪框，使跟踪框能够更准确地框选住眼睛，随后在"跟踪"面板中单击"开始跟踪"按钮，如图5-41所示。

图 5-40

图 5-41

步骤 06 系统随即开始进行跟踪处理，处理完毕后，预览视频，查看墨镜的运动跟踪效果，如图5-42所示。

图 5-42

5.3 视频特效的应用

剪映中的特效包括"画面特效"和"人物特效"两类，为视频添加特效可以让视频更具吸引力和观赏性。

5.3.1　画面特效

"画面特效"通过预设的动态滤镜、光影粒子、风格化滤镜或场景化视觉效果等，一键为视频画面叠加动态视觉修饰，快速强化氛围、营造叙事风格或实现创意视觉表达。

将素材拖动至时间线轨道，将时间指针移动到合适的时间点。在素材面板中打开"特效"面板，单击"画面特效"分组按钮，展开该分组，选择"金粉"分类，单击"金片炸开"特效上方的 按钮，将该特效添加至时间线轨道，如图5-43所示。添加特效后，在功能区中的"特效"面板内可以对特效的速度和不透明度进行调整，如图5-44所示。

图 5-43

图 5-44

预览视频，查看"金片炸开"特效的应用效果，如图5-45所示。

图 5-45

5.3.2　人物特效

人物特效通过动态妆容、表情互动、虚拟形象或风格化滤镜（如AI换脸、漫画脸、动态头饰、魔幻光影）对人物形象进行实时智能美化、趣味变形或创意重构，快速提升人像表现力并适配多元场景。剪映中的人物特效类型包括情绪、手部、身体、挡脸、装饰、环绕、头饰、写真、克隆、表情等类型。

将视频素材添加至时间线轨道，并定位好时间指针。在素材面板中打开"特效"面板，单击"人物特效"分组按钮，展开该分组，选择"装饰"分类，单击"激光几何"选项上方的 按钮即可添加该特效。添加特效后，可以在功能面板中的"特效"面板对所选特效的速度、垂直位移、大小、颜色等参数进行调整，如图5-46所示。

图 5-46

为女孩跳街舞的视频添加"激光几何"特效的效果，如图5-47所示。

图 5-47

动手练 用图片制作动态雪景视频

为一张静态图片添加下雪特效，可以制作具有动态效果的雪景视频。下面介绍具体操作方法。

步骤 01 将"雪景"图片拖动至时间线轨道，保持时间指针停留在素材起始位置。在素材面板中打开"特效"面板，打开"画面特效"分组，选择"自然"分类，添加"大雪"特效，在时间线轨道中设置好特效的时长，在功能区中的"特效"面板中，将"速度"设置为"25"，如图5-48所示。

图 5-48

步骤 02 继续在素材面板中的"特效"面板内添加"大雪纷飞"特效，调整好特效的时长，在功能面板中设置"速度"为"20"，如图5-49所示。

图 5-49

步骤 03 特效添加完成后预览视频，查看雪景效果，如图5-50所示。

图 5-50

5.4 为视频添加转场效果

转场是衔接不同视频片段的关键手法。它能够巧妙化解片段切换时的生硬感与割裂感，让画面过渡自然流畅，使观众获得连贯舒适的视觉体验；还能借助多样化的转场效果，如渐变、旋转、缩放等，为视频增添艺术美感与创意趣味，提升整体的观赏性。

5.4.1 使用内置转场效果

剪映中包含丰富多样的转场效果。例如，常用的闪黑、闪白、叠化、运镜转场；趣味创意的特效转场、分屏转场；以及动态图形转场、3D转场等，能满足不同风格视频的转场需求。下面以添加"叠化"转场为例，介绍内置转场的应用方法。

将时间指针移动到需要添加转场的两个素材之间。在素材面板中打开"转场"面板，在"转场效果"分组中选择"叠化"分类，单击"叠化"选项上方的![]按钮，如图5-51所示。时间指针位置的两段素材随即被添加叠化转场，如图5-52所示。

图 5-51

图 5-52

预览视频，查看叠化转场的效果，如图5-53所示。

图 5-53

▌5.4.2 DeepSeek精准评估转场时长

转场时长的设置对视频节奏、情绪传递和观众体验有直接影响。合理的转场时长能提升视频的专业性和流畅度。下面通过DeepSeek给出转场时长的具体分析及建议：

打开DeepSeek，发送提示词：视频中的转场时长对于视频整体节奏有什么样的影响，不同类型的视频镜头应该如何设置转场时长？

DeepSeek返回内容如下。

DeepSeek

1. 转场时长对视频节奏的影响

（1）短转场（0.3～0.5秒）

- **效果**：快速切换，增强节奏感，适合快剪、高能量视频。
- **适用场景**：动作片、旅拍Vlog、产品广告、短视频（如TikTok/抖音）。
- **节奏影响**：紧凑有力，避免拖沓，但过度使用可能让观众疲劳。

（2）中等转场（0.5～1秒）

- **效果**：平衡流畅性与节奏，自然过渡。
- **适用场景**：纪录片、访谈、教程视频、剧情片等对话场景。
- **节奏影响**：保持观众注意力，避免突兀。

（3）长转场（1～2秒或更长）

- **效果**：强调情绪或场景转换，营造沉浸感。

- **适用场景**：电影开场/结尾、抒情片段、重大情节转折。
- **节奏影响**：放缓节奏，适合需要留白或思考的场景。

2. 不同镜头类型的转场时长建议

（1）动作连贯性镜头（如打斗、运动）

- **建议时长**：0.2~0.5秒（硬切或快速叠化）。
- **理由**：保持动作连贯性，避免打断视觉流。

（2）对话镜头（正反打）

- **建议时长**：0.5秒内（硬切或轻微交叉溶解）。
- **理由**：对话节奏优先，转场过长会分散对台词的注意力。

（3）场景转换（如从室内到室外）

- **建议时长**：1~1.5秒（淡入淡出、模糊过渡）。
- **理由**：给观众时间理解空间变化。

（4）情绪过渡（如回忆、梦境）

- **建议时长**：1.5~3秒（慢速模糊、胶片烧灼等特效）。
- **理由**：配合音乐或旁白，强化情感渲染。

（5）快节奏混剪（如音乐MV）

- **建议时长**：0.1~0.3秒（快速闪烁、动态缩放）。
- **理由**：匹配音乐节拍，强化视觉冲击。

3. 其他关键原则

- **一致性**：同类型场景转场时长尽量统一，避免混乱。
- **匹配剪辑**：利用相似构图或动作转场，可缩短时长（甚至硬切）。
- **音乐同步**：根据背景音乐的节拍点设置转场（如每小节切换）。
- **试错调整**：粗剪后反复观看，感受节奏是否自然，再微调时长。

4. 反例警示

- **转场过长**：拖慢节奏，显得冗长（如教程视频用2秒淡入淡出）。
- **转场过短**：频繁快速切换可能导致眩晕（如纪录片滥用闪光转场）。
- **滥用特效**：花哨转场（如旋转翻页）可能分散内容本身注意力。

通过结合视频类型、镜头逻辑和情感需求灵活调整转场时长，才能最大化视频的叙事效果。

在剪映中为两段视频素材添加转场效果后，在功能面板中的"转场"面板内可以设置转场持续的时长。若要为主轨道中的所有素材使用当前转场效果，可以单击面板右下角的"应用全部"按钮，如图5-54所示。

图 5-54

动手练 使用官方素材转场

使用剪映素材库中的"转场"素材可以制作出不错的转场效果。下面介绍具体操作方法。

步骤 01 在时间线轨道中添加素材后，打开素材面板，打开"官方素材"分组，选择"转场"分类，在所需转场素材上方单击 按钮，如图5-55所示。

步骤 02 所选素材随即被添加至轨道中，如图5-56所示。

图 5-55

图 5-56

步骤 03 将转场素材拖动至上方轨道，调整起始位置，使起始位置位于主轨道下一段素材即将开始的位置，如图5-57所示。

步骤 04 将时间指针移动到转场素材的黑屏位置，如图5-58所示。

图 5-57

图 5-58

步骤 05 在功能面板中的"画面"面板内打开"抠像"面板，勾选"色度抠图"复选框，单击"取色器"按钮，将光标移动至播放器面板中，在黑色画面中的任意位置单击，将黑色抠除，如图5-59所示。

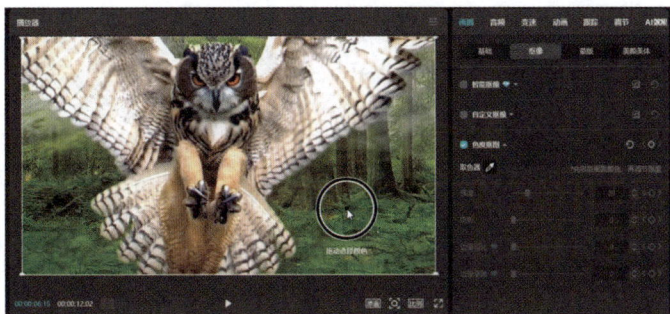

图 5-59

步骤 06 预览视频，查看使用内置素材转场的效果，如图5-60所示。

图 5-60

动手练 蒙版配合关键帧转场

蒙版配合关键帧能够制作各种自然的转场效果。下面制作从左上角斜入式转场效果。

步骤 01 向时间线轨道中添加"海边花丛"和"海鸥"两段视频素材，将时间指针移动到"海边花丛"视频即将结束的位置。将"海鸥"素材拖动至上方轨道，使其与时间指针对齐，如图5-61所示。

图 5-61

步骤 02 保持"海鸥"素材为选中状态，在功能面板中打开"画面"面板，切换至"蒙版"选项卡，单击"添加蒙版"按钮，如图5-62所示。

图 5-62

步骤 03 单击"线性"按钮，为视频应用线性蒙版，如图5-63所示。

图 5-63

步骤 04 在播放器面板中拖动 ◎ 按钮，将蒙版旋转-40°，拖动 ⌃ 按钮，设置羽化值为20，将蒙版的位置线向画面左上角拖动，直至拖动到画面之外。在"蒙版"选项卡中单击"蒙版参数"右侧的关键帧按钮，同时为"位置""旋转"和"羽化"参数添加关键帧，如图5-64所示。

图 5-64

步骤 05 在时间线轨道中移动时间指针，使其与主轨道中视频的结束位置对齐。在播放器面板中从画面左上角向右下角拖动蒙版位置线，将位置线拖出画面之外，在"蒙版"选项卡中单击"蒙版参数"关键帧按钮，如图5-65所示。

图 5-65

步骤 06 设置完成后预览视频，查看转场效果，如图5-66所示。

图 5-66

5.4.3　使用动画进行华丽转场

剪映中用动画功能进行转场，能以动态化视觉特效打破画面衔接生硬感，凭借丰富的动画模板与灵活参数调节适配多元场景，快速强化视频节奏韵律与叙事连贯性，显著提升作品专业质感与创意表现力。下面以图片素材为例，介绍动画转场的制作方法。

将"手表"和"手表2"两个图片素材添加至时间线轨道。将"手表2"拖动至上方轨道，使其与主轨道中的素材有部分重叠，如图5-67所示。保持"手表2"图片为选中状态，在"功能"面板中打开"动画"面板，在"入场"选项卡中选择"Kira游动"选项，如图5-68所示。

 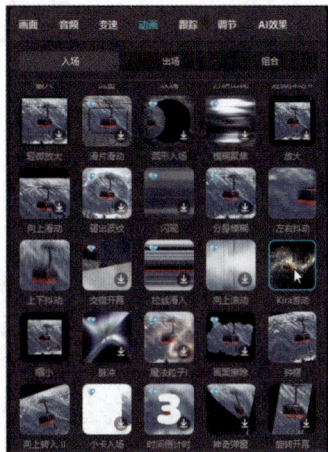

图 5-67　　　　　　　　　　　　　　　图 5-68

所选素材随即被添加相应的入场动画，预览视频，查看动画转场效果，如图5-69所示。

图 5-69

5.5　实战演练：制作动作定格特效

人物动作定格特效是视频剪辑中一种极具表现力的手法，通过让画面中的人物在特定瞬间静止，形成强烈的视觉冲击，从而突出关键情节、营造戏剧效果或增强叙事节奏。下面以滑雪运动中，在运动员起跳瞬间定格，并叠加特效，突出动作张力。

1. 创建定格

步骤 01　将"滑雪"视频素材拖动至时间线轨道，如图5-70所示。

步骤 02　保持视频素材为选中状态，将时间指针移动到00:00:02:05时间点，在工具栏中单击"定格"按钮，生成一个3秒的定格素材，如图5-71所示。

图 5-70

图 5-71

2. 设置黑白背景

步骤 01 选中定格素材，按Ctrl+C组合键，随后按Ctrl+V组合键复制定格素材，被复制的定格素材自动在上方轨道中显示，如图5-72所示。

图 5-72

步骤 02 保持上方轨道中的定格素材为选中状态，在功能面板中的"画面"面板中打开"抠像"选项卡，勾选"智能抠像"复选框，系统随即自动从定格画面中抠出人物，（由于此时两个轨道中的定格素材完全重叠，因此在完成抠像后看不出效果），设置"羽化"参数为"25"，如图5-73所示。

图 5-73

步骤 03 在素材面板中打开"滤镜"面板，展开"滤镜库"分组，选择"黑白"分类，单击"默片"选项上方的 ⊕ 按钮，将该滤镜添加至时间线轨道，如图5-74所示。

步骤 04 在时间线轨道中选中滤镜素材，按住鼠标左键向下方拖动，将其位置调整至两个定格素材之间，此时画面中呈现出人物是彩色、背景为黑白的效果，如图5-75所示。

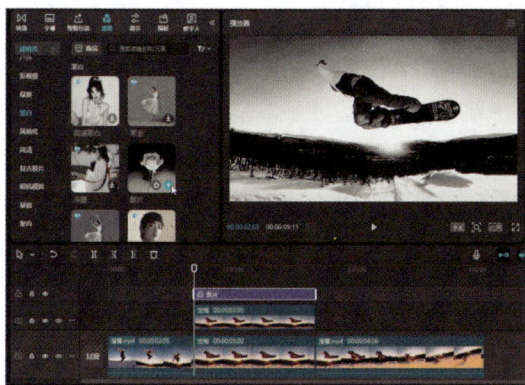

图 5-74

图 5-75

3. 添加特效和字幕

步骤 01 在功能面板中打开"特效"面板，展开"画面特效"分组，选择"综艺"分类，添加"冲刺"特效，如图5-76所示。

步骤 02 打开"文本"面板，展开"花字库"分组，选择"红色"分类，添加一个合适的花字效果，如图5-77所示。

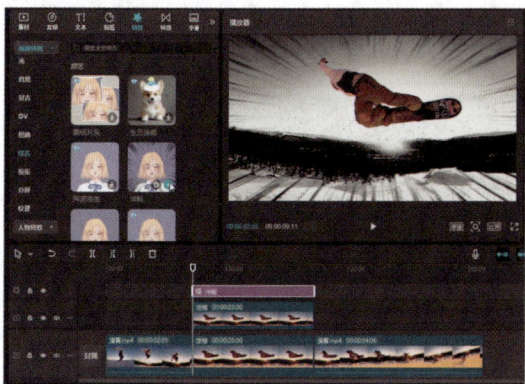

图 5-76

图 5-77

步骤 03 保持花字素材为选中状态，在功能面板中打开"文本"面板，在"基础"选项卡中输入文字"雪舞云间一跃惊鸿"，设置字体为"江户招牌"，设置字间距为"1"。在播放器面板中使用鼠标拖曳的方式将字幕缩放至合适的大小，并拖动至合适的位置，如图5-78所示。

步骤 04 保持字幕为选中状态，在功能面板中打开"动画"面板，切换至"循环"选项卡，添加"摇摆"动画，如图5-79所示。

图 5-78

图 5-79

4. 设置定格特效时长

步骤 01 在时间线轨道中按住鼠标左键进行拖动，选中与定格特效相关的所有素材，随后右击任意一个选中的素材，在弹出的快捷菜单中选择"新建复合片段（子草稿）"选项，如图5-80所示。

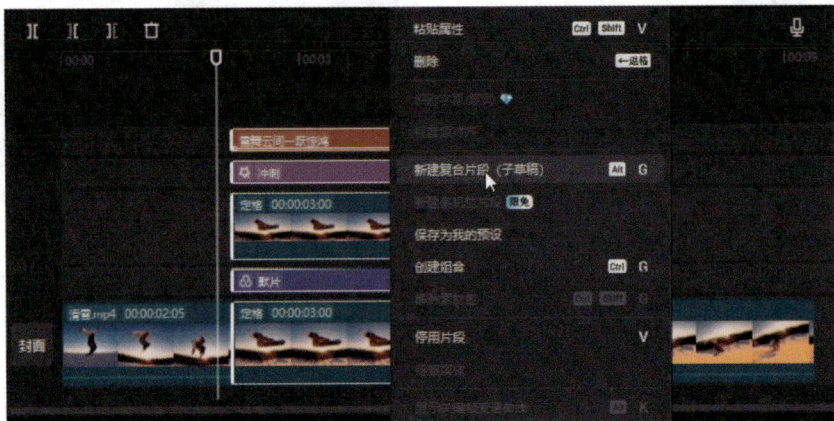

图 5-80

步骤 02 所选素材随即被创建为复合片段，将光标移动至复合片段结束位置，按住鼠标左键进行拖动，设置其时长为2秒，如图5-81所示。

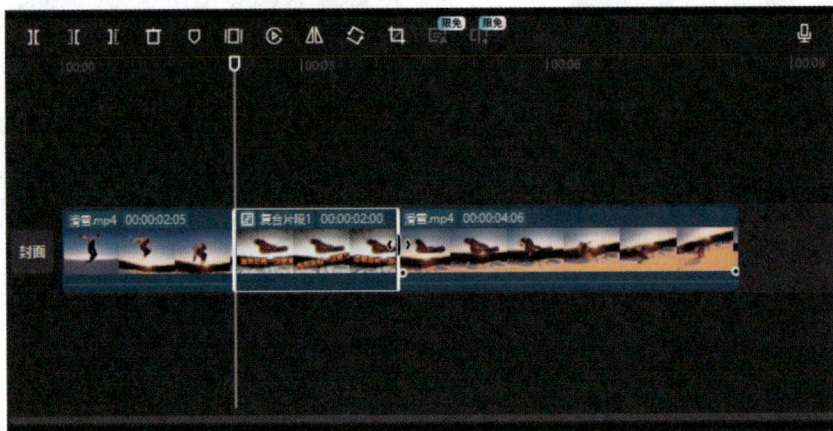

图 5-81

步骤 03 至此完成动作定格特效的制作，预览视频，查看效果，如图5-82所示。

图 5-82

第**6**章

进阶：
非线性叙事剪辑启蒙

Premiere是一款专业的视频剪辑软件，集视频剪辑、调色、字幕、特效制作、音频处理等多种功能于一体，广泛应用于短视频制作、影视后期制作等领域。本章对Premiere的基础知识、剪辑操作、字幕制作等进行详细介绍。

6.1 Premiere Pro概述

Premiere Pro（简称Premiere）是Adobe公司开发的一款专业非线性视频编辑软件，在影视制作、短视频、广告、纪录片等领域应用广泛。本节主要对Premiere Pro进行介绍。

6.1.1 Premiere的功能

作为非线性视频编辑领域的行业标杆，Premiere集多轨剪辑、动态图形、专业调色及跨平台协作等多种功能为一体，可以高效实现短视频领域的复杂效果制作。其功能主要体现在以下方面。

- **非线性编辑**：支持多轨道嵌套编辑、帧级精度修剪及时间重映射技术，能够满足复杂时序编排与动态变速需求，适配不同时长短视频的剪辑场景。
- **专业级调色**：集成Lumetri调色工具及动态图形模板，支持二级调色、色彩匹配等功能，可以轻松实现电影级调色。
- **多轨音频**：支持高达32声道音频编辑，提供声像平衡、音量自动化曲线、去噪、去混响等多种音频编辑工具，同时可以与Audition联动，实现音频轨道的无损传输和精细化处理，实现高质量音频效果。

6.1.2 Premiere的工作界面

Premiere包括效果、学习、编辑等多种工作区，各个工作区的侧重点略有不同，工作界面也会随工作区的选择而有所变化，图6-1所示为选择"编辑"工作区时的效果。

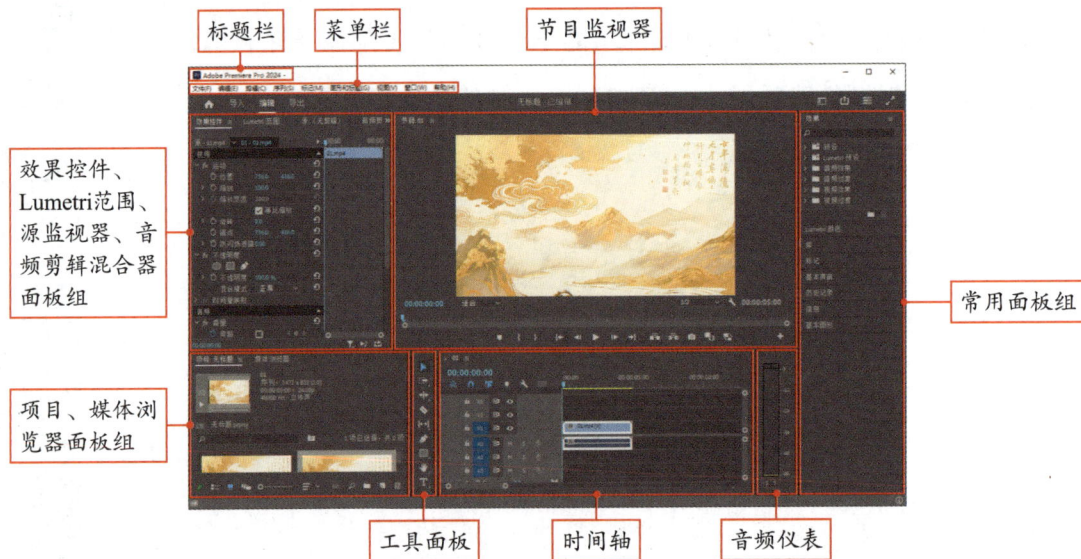

图 6-1

执行"窗口"｜"工作区"命令或单击工作界面中的"工作区"按钮，在菜单中执行命令将切换工作区。选中合适的工作区后，移动光标至面板交界处，待光标变为■状或■状时按住鼠标左键拖曳可以自由调整面板组大小。

工作界面常用面板作用介绍如下。

- **节目监视器：** 用于查看、编辑媒体素材合成后的效果。
- **源监视器：** 用于查看和剪辑原始素材。
- **时间轴：** 编辑操作的主要工作场所，从中可以进行剪辑素材、调整素材等操作。
- **工具：** 存放着Premiere提供的剪辑工具，单击进行选择。长按右下角有三角符号的工具，将展开该工具组以选择更多的工具。
- **效果：** 用于存放Premiere内置的预设及效果。
- **效果控件：** 用于编辑设置选中素材的效果，包括运动、不透明度等固定效果及添加的其他效果。
- **基本图形：** 用于添加并编辑图形、文本等内容。
- **基本声音：** 用于设置音频，通过该面板可以制作人声回避效果、统一音量级别、修复声音、制作混音等。
- **Lumetri颜色：** 提供专业级别的视频调色工具，包括基本校正、创意、曲线、色轮和匹配、HSL辅助和晕影等选项组，支持LUT导入与色彩匹配功能，可以满足从全局校正到局部精细调整的全流程需求。

6.1.3 创建项目与序列

项目是存储所有剪辑数据的工程文件，而序列是时间轴的载体，是实际剪辑的场所。通过创建规范化的项目及序列，可实现工程高效管理及输出格式的统一。一个项目中可以创建多个序列，以适配不同平台的输出需求。

打开Premiere软件，单击主页中的"新建项目"按钮 新建项目 ，或执行"文件"|"新建"|"项目"命令，打开"导入"模式，如图6-2所示。从中设置项目名、项目位置等参数后，单击"创建"按钮可新建项目。若在"导入"模式中选择素材后单击"创建"按钮，将根据素材自动新建项目和序列。

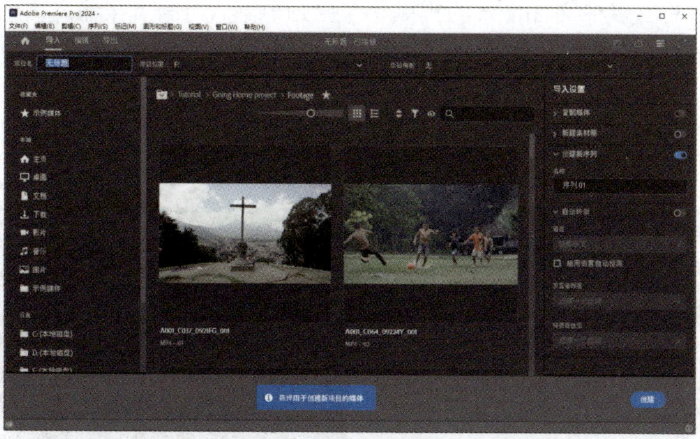

图 6-2

新建项目后，执行"文件"|"新建"|"序列"命令，打开"新建序列"对话框设置序列参数，如图6-3所示。完成后单击"确定"按钮，将根据设置创建序列。用户也可以在没有序列的

情况下，将素材直接拖曳至"时间轴"面板中，根据素材自动创建新序列。

"新建序列"对话框中部分选项卡作用如下。

- **序列预设**：软件内置的可用序列预设，可直接应用以创建相应参数的序列。
- **设置**：在该选项卡中可以自定义序列参数，包括视频参数、颜色参数、音频参数、视频预览参数等。
- **轨道**：用于设置音视频轨道参数，包括视频轨道数量、音频轨道混合、各轨道类型等。

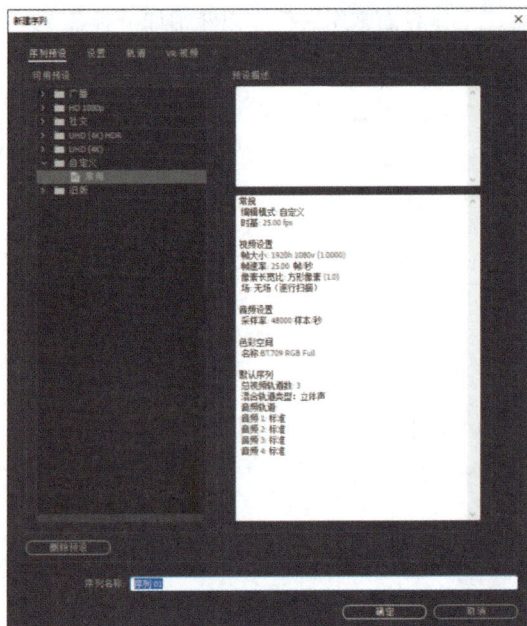

图 6-3

▎6.1.4　保存与输出操作

及时保存文件可以防止软件崩溃等原因造成的数据丢失，也便于多人协作或后期修改。输出则可以将编辑完成的序列渲染为独立的视频文件，以便后续播放或发布。下面对此进行介绍。

1. 项目文件的保存

执行"文件"|"保存"命令或按Ctrl+S组合键，将按创建时的设置保存文件。若想重新设置文件的存储路径、存储名称等，可以执行"文件"|"另存为"命令或按Ctrl+Shift+S组合键，打开"保存项目"对话框，如图6-4所示。从中设置参数后，单击"保存"按钮即可。

2. 项目文件的输出

Premiere支持输出多种文件格式的视频，包括MP4、AVI等。在输出之前，可以执行"序列"|"渲染入点到出点的效果"命令或按Enter键进行渲染预览，以便及时检查视频中的不足。确认无误后，执行"文件"|"导出"|"媒体"命令，或按Ctrl+M组合键，或直接单击工作界面中的"导出"按钮切换至"导出"模式，如图6-5所示。从中设置参数后，单击"导出"按钮即可。

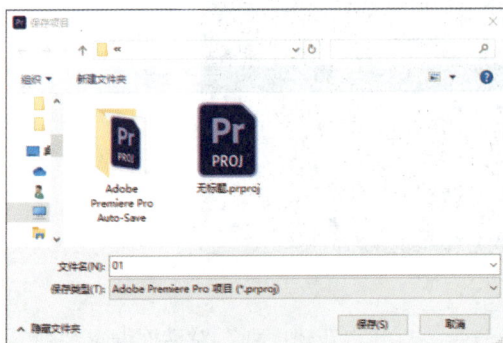

图 6-4

图 6-5

"导出"模式中部分选项卡的作用介绍如下。

1. 目标

用于设置要导出的视频目标，用户可以自定义多个目标，导出时启用■目标，设置参数后单击"导出"按钮，将同时导出启用的所有目标。单击"目标"选项卡右上角的■■■按钮，在弹出的快捷菜单中执行"添加自定义目标"命令，将在"目标"选项卡中添加自定义目标，以便用户设置更多的视频目标。

2. 设置

用于设置导出目标的具体参数，包括文件名、位置、格式、"视频"参数、"音频"参数等。其中部分常用选项的作用介绍如下。

- **位置**：用于设置导出内容的存储路径，单击蓝色文字将打开"另存为"对话框，从中设置存储路径及名称后，单击"保存"按钮即可。
- **预设**：用于选择预设的导出设置。
- **格式**：用于设置导出文件的格式，包括视频格式、音频格式等。
- **视频**：用于设置与导出视频相关的参数，选择不同的导出格式时，该选项组中的选项也会有所不同。
- **音频**：用于设置与导出音频相关的参数。
- **多路复用器**：用于控制如何将视频和音频数据合并到单个流中，即混合。
- **字幕**：用于导出隐藏字幕数据，将视频的音频部分以文本形式显示在电视和其他支持显示隐藏字幕的设备上。
- **效果**：用于向导出的媒体添加各种效果。用户可以在"输出"选项卡中查看应用效果后的预览。

3. 预览

用于在导出前预览、拖动和回放媒体，设置自定义的持续时间。其中部分常用选项作用介绍如下。

- **范围**：用于自定义导出视频的持续时间，可以选择整个源、源入点/出点、工作区域或自定义4种范围。
- **缩放**：用于设置缩放，包括缩放以适合、缩放以填充和拉伸以填充3种缩放类型。

知识延伸

快速导出

单击Premiere"编辑"模式右上角的"快速导出"按钮■，在弹出的"快速导出"面板中设置名称、位置和预设后，单击"导出"按钮快速导出文件。

6.2　Premiere的剪辑操作

剪辑是Premiere最核心的功能，用户可以通过它实现短视频的剪辑与制作。本节将对剪辑操作进行详细介绍。

6.2.1　DeepSeek辅助生成素材

DeepSeek可以生成短视频的文本内容，如脚本、分镜描述、提示词等，再结合其他AI工具完成图像、视频等素材的生成与后期处理。

1. 短视频文本内容生成

根据短视频的制作需要，向DeepSeek提供视频主题、目标受众、风格要求等详细信息，例如：

> 生成一段关于扬州一日游攻略的30秒短视频脚本，包含分镜画面描述和旁白文案，风格轻松活泼。

DeepSeek经过深度思考给出以下回答。

DeepSeek

短视频脚本：扬州一日游攻略（30秒）

分镜1：清晨 · 瘦西湖畔（4秒）

画面：航拍瘦西湖晨雾缭绕，湖面泛舟，镜头掠过五亭桥与白塔，桃花垂柳点缀岸边。

旁白："烟花三月下扬州，一日看尽千年繁华！第一站，瘦西湖——诗画中的江南，等你泛舟入画！"

分镜2：上午 · 东关街（5秒）

画面：石板路上人群穿梭，镜头扫过热气腾腾的蟹黄汤包、谢馥春香粉铺，游客举着糖画笑闹。

旁白："第二站，东关街！青砖黛瓦间，尝一口汤包鲜香，淘一盒百年香粉，穿越明清烟火气～"

分镜3：中午 · 大运河博物馆（4秒）

画面：光影交织的展厅内，游客凝视汴河剖面展品，沉浸式投影重现漕运盛景。

旁白："第三站，大运河博物馆！触摸千年运河脉搏，听文物讲述'母亲河'的故事。"

分镜4：午后 · 何园回廊（4秒）

画面：镜头穿过复道回廊，阳光透过花窗洒落，少女倚栏拍照，假山流水潺潺。

旁白："第四站，何园！1500米'天下第一廊'，一步一景，邂逅盐商的诗意生活。"

分镜5：傍晚 · 古运河夜游（5秒）

画面：画舫缓缓驶过灯火璀璨的河岸，游客举杯欢笑，镜头切换至温泉池中放松的双脚。

旁白："夜幕降临，乘画舫赏运河星光，再体验'水包皮'的泡澡文化，扬州慢生活，这才叫惬意！"

结尾（3秒）

画面：标志性文昌阁夜景，字幕弹出"扬州·24小时慢时光"，BGM轻快收尾。

旁白："一日看遍唐宋风雅、明清烟火，快来扬州，开启你的慢时光之旅吧！"

风格提示：画面色调清新明快，背景音乐选用古筝与轻电子乐融合，旁白语调活泼带俏皮感，字幕搭配手写字体增强文艺感。

　　用户可以根据生成的内容，搜集或生成相应的素材进行短视频制作。

　　使用相同的方法，还可以通过DeepSeek生成短视频标题、提供运营方案等，有效提升内容创作效率，实现数据驱动的短视频智能运营。

2. 素材生成

　　借助DeepSeek生成的精准提示词，即梦AI、可灵AI等AI工具能够快速理解创作内容，快速生成与需求匹配度高的素材。通过接入DeepSeek-R1智能引擎，即梦AI等工具可实时解析用户输入的语义场景，将文案生成速度提升至毫秒级响应，并支持多模态内容的协同创作。下面以即梦AI为例进行讲解。

　　登录即梦AI官网，在首页中单击"图片生成"按钮打开"图片生成"面板，在文本框下方单击"DeepSeek-R1"按钮，如图6-6所示。切换至DeepSeek对话模式，选择生图模型、设置清晰度、比例等参数，在文本框中输入提示词，如图6-7所示。单击"发送"按钮 ⊙，DeepSeek将给出4份详细的提示词，如图6-8所示。

图 6-6

图 6-7

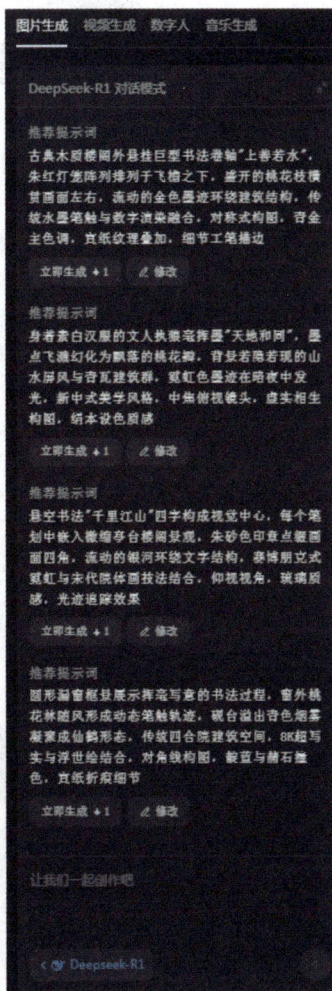

图 6-8

选择一个满意的提示词，单击"立即生成"按钮，系统将根据提示词生成图片，如图6-9所示。

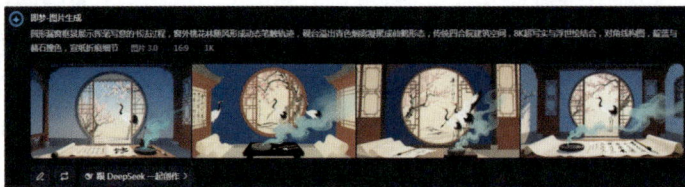

图 6-9

单击图片可以将其放大显示，同时右侧将出现设置按钮，如图6-10所示。用户可以通过这些按钮处理编辑素材，或根据图片生成视频。

图 6-10

6.2.2 导入素材

Premiere可以导入大量的素材进行应用，常用的导入方式包括以下3种。

1."导入"命令

执行"文件"|"导入"命令或按Ctrl+I组合键打开"导入"对话框，如图6-11所示。从中选择素材文件后，单击"打开"按钮即可。用户也可以在"项目"面板空白处双击，打开"导入"对话框进行设置。

2."媒体浏览器"面板

在"媒体浏览器"面板中找到素材并右击，如图6-12所示。在弹出的快捷菜单中执行"导入"命令将其导入，或直接从"媒体浏览器"面板中拖曳至"时间轴"面板中应用。

图 6-11

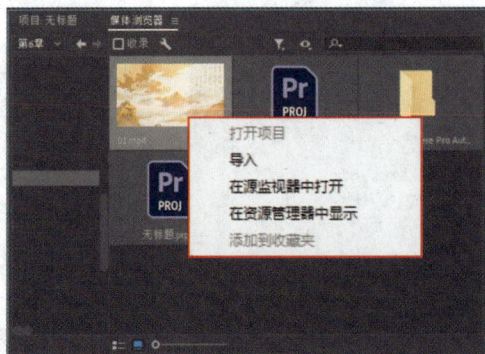

图 6-12

3. 直接拖入

直接将素材拖曳至"项目"面板或"时间轴"面板中，同样可以导入素材。

6.2.3　创建常用视频元素

常用的一些视频元素可以直接在Premiere中创建，如彩条、黑场视频、颜色遮罩等。单击"项目"面板中的"新建项"按钮，弹出如图6-13所示的快捷菜单。或在"项目"面板空白处右击，在弹出的快捷菜单中选择"新建项目"选项，如图6-14所示。选择选项后，将根据创建素材的不同，打开相应的对话框进行设置并新建素材。

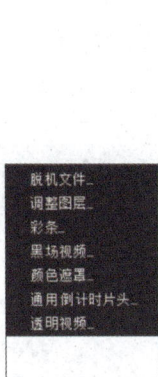

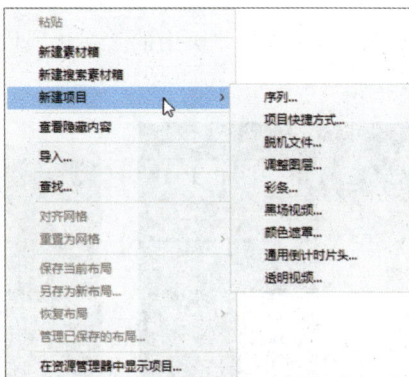

图 6-13　　　　　　　　　　　图 6-14

其中较为常用的选项如下。

- **调整图层：** 一个透明的图层。在Premiere软件中，用户可以通过调整图层将同一效果应用至时间轴上的多个序列。调整图层会影响图层堆叠顺序中位于其下的所有图层。
- **彩条：** 彩条可以正确反映各种彩色的亮度、色调和饱和度，帮助用户检验视频通道传输质量。新建的彩条具有音频信息，如不需要，可以取消素材链接后将其删除。
- **黑场视频：** 该效果可以帮助用户制作转场，使素材间的切换没那么突兀；也可以制作黑色背景。
- **颜色遮罩：** 可以用于创建纯色的颜色遮罩素材。创建颜色遮罩素材后，在"项目"面板中双击素材，还可以在弹出的"拾色器"对话框中修改素材颜色。
- **通用倒计时片头：** 可以制作常规的倒计时效果。
- **透明视频：** 类似"黑场视频""彩条"和"颜色遮罩"的合成剪辑。该视频可以生成自己的图像并保留透明度的效果，如时间码效果或闪电效果。

动手练　关键帧让AI静态图片动起来

使用即梦AI生成图片素材后，可以通过Premiere赋予静态图片动态效果，实现创意短视频制作。

步骤 01 在即梦AI"图片生成"面板对话框中单击"Deepseek-R1"按钮，切换至DeepSeek对话模式，选择生图模型、设置清晰度、比例等参数，在文本框中输入提示词"*流动的画卷，缥缈空灵*"，如图6-15所示。

步骤 **02** 单击"发送"按钮🕐，DeepSeek将给出4份详细的提示词，选择满意的提示词，单击"立即生成"按钮，系统将根据提示词生成图片，如图6-16所示。

图 6-15

图 6-16

步骤 **03** 点开满意的图片，单击"下载"按钮⬇进行下载，如图6-17所示。

步骤 **04** 打开Premiere软件，单击主页中的"新建项目"按钮[新建项目]，打开"导入"模式，设置参数，如图6-18所示。

图 6-17

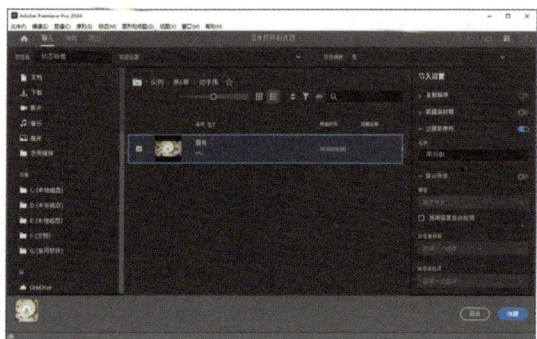

图 6-18

步骤 **05** 单击"创建"按钮，根据所选素材创建项目与序列，如图6-19所示。

步骤 **06** 单击"项目"面板中的"新建项"按钮🔳，在弹出的快捷菜单中选择"调整图层"选项，打开"调整图层"对话框，设置参数，如图6-20所示。

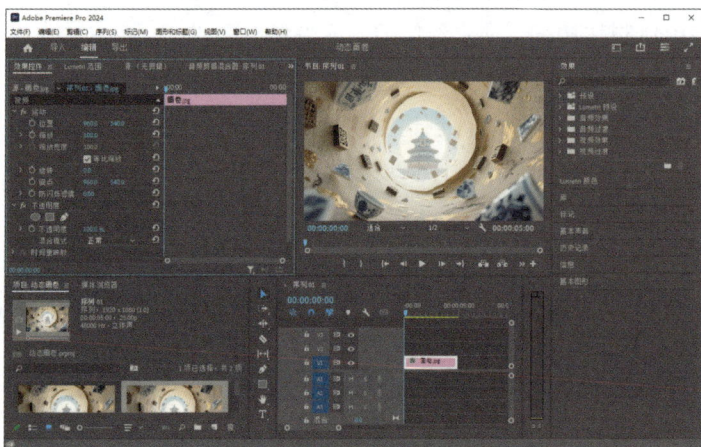

图 6-19

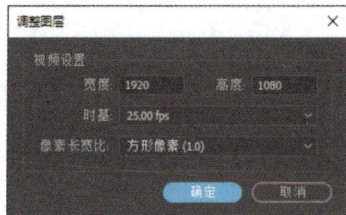

图 6-20

步骤 **07** 完成后单击"确定"按钮新建调整图层，并将其拖曳至V2轨道，如图6-21所示。

步骤 **08** 在"效果"面板中搜索"湍流置换"视频效果，拖曳至调整图层上，移动播放指示器至00:00:04:24处，在"效果控件"面板中单击"数量"和"演化"属性左侧的"切换动画"

按钮 🔘 添加关键帧，并设置"数量"属性参数为0.0，如图6-22所示。

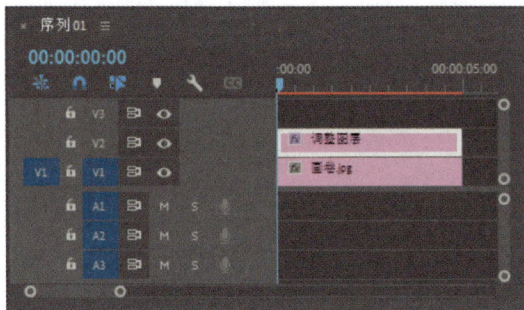

图 6-21

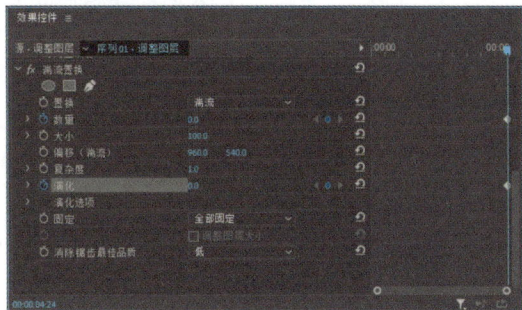

图 6-22

步骤 09 移动播放指示器至00:00:00:00处，修改"数量"属性参数为50，"演化"属性参数为"1x0.0"，软件将自动添加关键帧，如图6-23所示。此时"节目监视器"面板中的显示效果如图6-24所示。

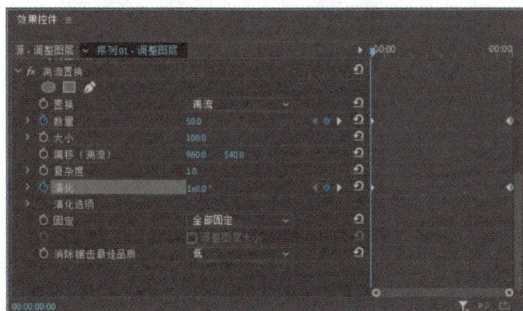

图 6-23

图 6-24

步骤 10 按Enter键渲染预览，效果如图6-25所示。

图 6-25

至此完成静态图片动起来的效果制作。

6.2.4 视频编辑工具

"工具"面板中的选择工具、剃刀工具等可以帮助用户剪辑短视频。这些工具的作用各有不同，下面对此进行介绍。

1. 选择工具和选择轨道工具

选择工具 ▶、向前选择轨道工具 🔜 和向后选择轨道工具 🔜 都可以选择素材，区别在于选择轨道工具一次性可以选择单击处箭头方向同侧的所有素材。下面以选择工具为例进行讲解。

选中选择工具，在"时间轴"面板中的素材上单击将选中该素材，如图6-26所示。按住

Shift键单击其他素材可进行加选，按住Alt键单击可以单独选择链接素材的视频或音频部分，如图6-27所示。

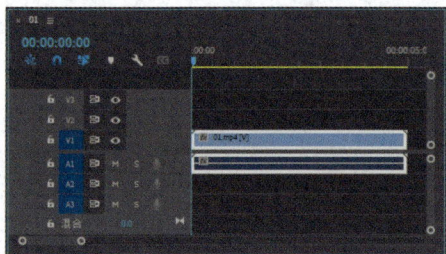

图 6-26   图 6-27

2. 剃刀工具

剃刀工具 可用于裁切分割"时间轴"面板中的素材。选择剃刀工具或按C键切换至剃刀工具，在"时间轴"面板中的素材上单击，会在单击处裁切素材，如图6-28所示。按住Shift键的同时单击，将裁切单击处所有轨道中的素材。

> **知识延伸**
>
> **对齐**
>
> 在"时间轴"面板中单击"对齐"按钮 ，当剃刀工具 靠近播放指示器 或其他素材入点、出点时，剪切点会自动移至时间标记或入点和出点所在处，并从该处剪切素材。

3. 内滑工具

内滑工具 可以将"时间轴"面板中的某个素材片段向左或向右移动，同时改变其相邻片段的出点和后一相邻片段的入点，三个素材片段的总持续时间及在"时间轴"面板中的位置保持不变。

选中内滑工具，移动光标至要移动的素材片段上，当光标变为 状时，按住鼠标拖动即可，如图6-29所示。此时用户可以在"节目监视器"面板中预览。使用内滑工具时，移动片段的出点和入点画面不变，前一片段的出点和后一片段的入点随着中间片段的移动而变化。

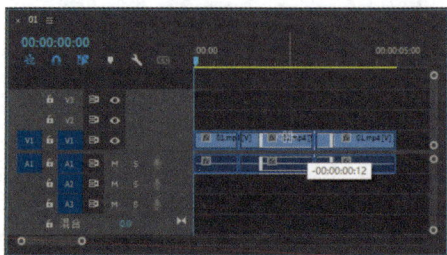

图 6-28   图 6-29

> **知识延伸**
>
> **内滑工具使用注意事项**
>
> 使用内滑工具时，前一段素材片段的出点后和后一段素材片段的入点前需要预留余量供调节使用。与之相似的是外滑工具在使用时，移动片段入点前和出点后需要预留余量供调节使用。

4. 外滑工具

外滑工具 可以同时更改"时间轴"面板中某个素材片段的入点和出点，并保持片段长度不变，相邻片段的出入点及长度也不变。

选中外滑工具，移动光标至素材片段上，当光标变为 状时，按住鼠标拖动即可。此时用户可以在"节目监视器"面板中预览，如图6-30所示。使用外滑工具时，前一片段的出点和后一片段的入点画面不变，移动片段的出点和入点随着移动而变化。

5. 滚动编辑工具

滚动编辑工具 可以改变一个剪辑的入点和与之相邻剪辑的出点，且保持影片总长度不变。选择滚动编辑工具，移动至两个素材片段之间，当光标变为 状时，按住鼠标拖动调整相邻素材的长度，如图6-31所示。

图 6-30

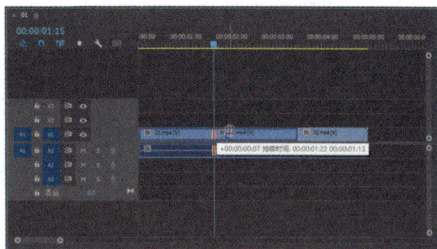

图 6-31

要注意的是，使用滚动编辑工具向右拖动时，前一段素材出点后需有余量以供调节；向左拖动时，后一段素材入点前需有余量以供调节。

6. 比率拉伸工具

比率拉伸工具 可以改变素材的速度和持续时间，但保持素材的出点和入点不变。选中比率拉伸工具，移动光标至"时间轴"面板中某段素材的开始或结尾处，当光标变为 状时，按住鼠标拖动即可，图6-32所示为调整后效果。用户也可以在"时间轴"面板中选中素材片段并右击，在弹出的快捷菜单中选择"速度/持续时间"选项，打开"剪辑速度/持续时间"对话框，如图6-33所示。从中设置参数后单击"确定"按钮即可。

图 6-32

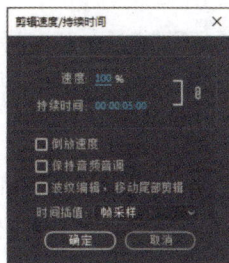

图 6-33

该对话框中各选项介绍如下。

- **速度：** 用于调整素材片段播放速度。大于100%为加速播放，小于100%为减速播放，等于100%为正常速度播放。
- **持续时间：** 用于设置素材片段的持续时间，单击输入数值即可。

- **倒放速度：** 选择该复选框后，将反向播放素材。
- **保持音频音调：** 当改变音频素材的持续时间时，选择该复选框可保证音频音调不变。
- **波纹编辑，移动尾部剪辑：** 选择该复选框后，后面的素材将自动填补缩短素材持续时间导致的缝隙。
- **时间插值：** 用于设置调整素材速度后如何填补空缺帧，包括帧采样、帧混合和光流法三种选项。

6.2.5　帧定格

帧定格可以将素材片段中的某帧静止并制作定格效果。Premiere中包括三种帧定格命令：帧定格选项、添加帧定格和插入帧定格分段。

1. 帧定格选项

"帧定格选项"命令可以将整段视频以指定帧画面冻结。选中"时间轴"面板中要定格的素材并右击，在弹出的快捷菜单中选择"帧定格选项"选项，打开"帧定格选项"对话框，如图6-34所示。从中设置参数后单击"确定"按钮即可。

知识延伸

帧定格选项

"定格位置"复选框及下拉菜单可以设置要定格的帧；"定格滤镜"复选框可以防止关键帧效果设置在剪辑持续时间内动画化，效果设置会使用位于定格帧的值。

2. 添加帧定格

"添加帧定格"命令可以冻结当前帧，该帧之后均显示当前帧效果。选中要添加帧定格的素材片段，移动播放指示器至要冻结的画面处右击，在弹出的快捷菜单中选择"添加帧定格"选项即可。

图 6-34

3. 插入帧定格分段

"插入帧定格分段"命令可在播放指示器所在处拆分素材，并将当前帧定格插入，其持续时间为2秒。在"时间轴"面板中选中素材右击，在弹出的快捷菜单中选择"插入帧定格分段"选项即可，如图6-35所示。

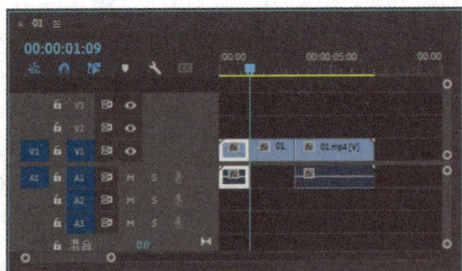

图 6-35

6.2.6　复制/粘贴素材

选中"时间轴"面板中的素材，按Ctrl+C组合键复制，移动播放指示器位置后，按Ctrl+V组合键粘贴，可使用复制的素材覆盖播放指示器右侧的素材，如图6-36所示。若按Ctrl+Shift+V组合键粘贴，复制素材将插入至播放指示器所在处，并将原素材拆分为两段，如图6-37所示。用户也可以选中素材后按住Alt键拖曳复制。

图 6-36

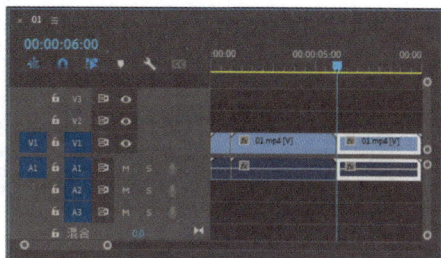

图 6-37

6.2.7 删除素材

"清除"命令和"波纹删除"命令都可以删除素材，区别在于"清除"命令删除素材后将保留该素材的空位，而"波纹删除"命令会使右侧的素材自动向前补位。

选中要删除的素材文件，执行"编辑"|"清除"命令，或按Delete键，将删除该素材文件，如图6-38所示。执行"编辑"|"波纹删除"命令，或按Shift+Delete组合键，将删除该素材并使右侧素材自动前移，如图6-39所示。

图 6-38

图 6-39

6.2.8 分离/链接音视频

对于部分带有音频信息的素材，用户可以选择分离音视频链接，以单独进行编辑。选中"时间轴"面板中的素材文件，右击，在弹出的快捷菜单中选择"取消链接"选项即可，如图6-40所示。选中未链接的音频和视频素材后右击，在弹出的快捷菜单中选择"链接"选项将链接到选中的素材。

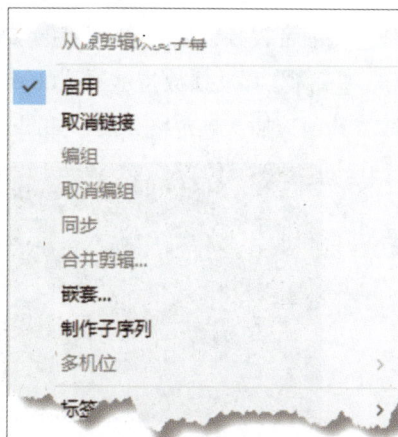

图 6-40

6.2.9 嵌套素材

嵌套素材可以将单个或多个素材合成为一个序列进行操作，该操作不可逆。

选中"时间轴"面板中的素材，右击，在弹出的快捷菜单中选择"嵌套"选项，打开"嵌套序列名称"对话框，设置名称，如图6-41所示，完成后单击"确定"按钮即可。嵌套序列在"时间轴"面板中呈绿色显示。用户可以双击嵌套序列并进入其内部进行编辑，如图6-42所示。

图 6-41　　　　　　　　　　　　　图 6-42

动手练 帧定格制作拍摄效果

通过帧定格和关键帧，用户可以创建动静结合的趣味短视频效果。

步骤 01 打开Premiere软件，单击主页中的"新建项目"按钮 新建项目 ，打开"导入"模式，设置项目参数，如图6-43所示。

步骤 02 单击"创建"按钮，根据所选素材创建项目与序列，如图6-44所示。

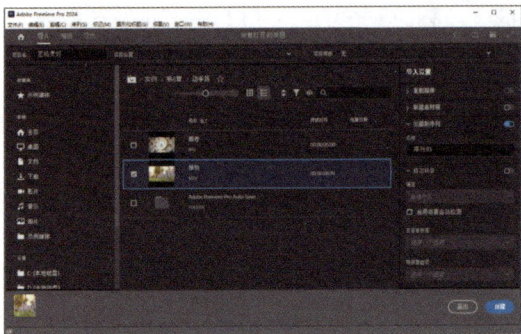

图 6-43　　　　　　　　　　　　　图 6-44

步骤 03 选中"时间轴"面板中的素材，右击，在弹出的快捷菜单中选择"取消链接"选项，取消音视频链接，选中音频，按Delete键删除，效果如图6-45所示。

步骤 04 移动播放指示器至00:00:01:21处，右击，在弹出的快捷菜单中选择"插入帧定格分段"选项，插入帧定格分段，如图6-46所示。

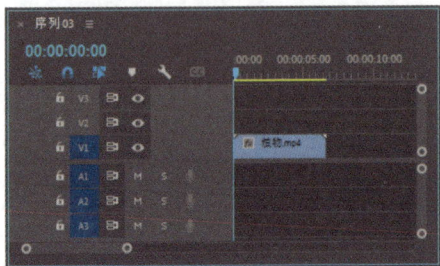

图 6-45　　　　　　　　　　　　　图 6-46

步骤 05 选中帧定格分段，在00:00:01:21处为"缩放"属性添加关键帧，并设置参数为"120.0"，如图6-47所示。

步骤 06 移动播放指示器至00:00:02:01处，设置"缩放"属性参数为"100.0"，软件将自动添加关键帧，如图6-48所示。

步骤07 选中帧定格分段，在00:00:01:21处为"缩放"属性添加关键帧，并设置参数为"120.0"，如图6-47所示。

步骤08 移动播放指示器至00:00:02:01处，设置"缩放"属性参数为"100.0"，软件将自动添加关键帧，如图6-48所示。

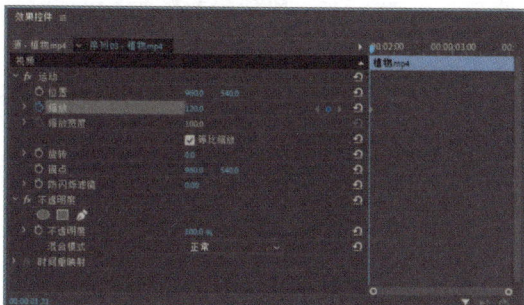
图 6-47

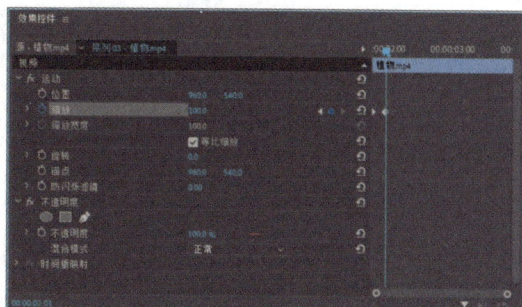
图 6-48

步骤09 单击"项目"面板中的"新建项"按钮，在弹出的快捷菜单中选择"颜色遮罩"选项，打开"新建颜色遮罩"对话框，保持默认设置，单击"确定"按钮，打开"拾色器"对话框设置参数，如图6-49所示。

步骤10 完成后单击"确定"按钮，打开"选择名称"对话框设置名称，如图6-50所示。

图 6-49

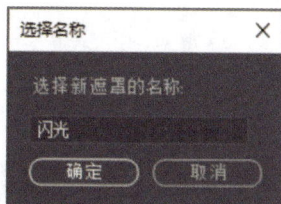
图 6-50

步骤11 单击"确定"按钮新建颜色遮罩，拖曳至V2轨道素材中，通过剃刀工具在00:00:02:01处裁切素材，并删除多余部分，如图6-51所示。

步骤12 选中颜色遮罩素材，在"效果控件"面板中设置"不透明度"属性参数为"0.0%"，并添加关键帧，如图6-52所示。

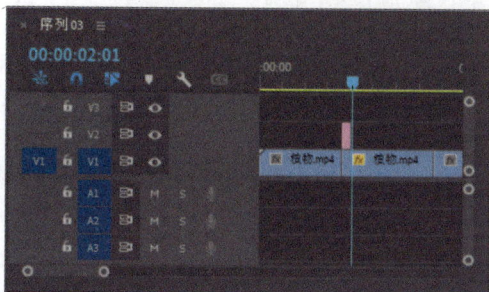
图 6-51

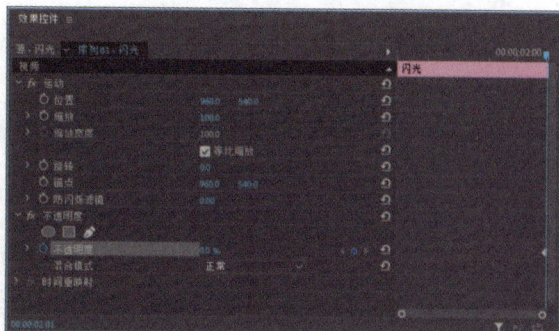
图 6-52

步骤 **13** 移动播放指示器至00:00:01:21处，更改"不透明度"属性参数为"100.0%"，软件将自动添加关键帧，如图6-53所示。

步骤 **14** 在00:00:02:16处使用剃刀工具裁切帧定格分段素材，选中右侧素材，按Shift+Delete组合键波纹删除，如图6-54所示。

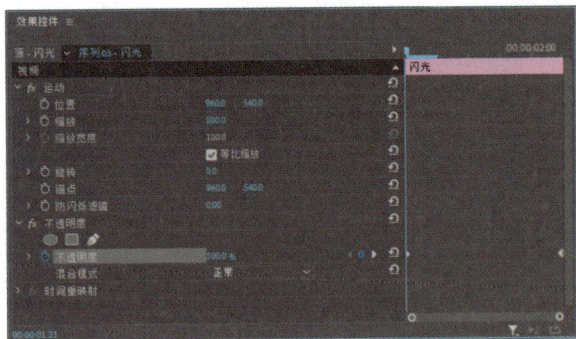

图 6-53   图 6-54

步骤 **15** 按Enter键渲染预览，如图6-55所示。

  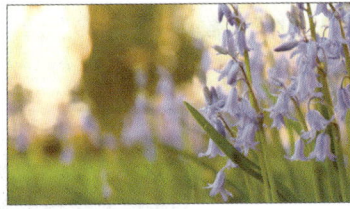

图 6-55

至此完成帧定格拍摄效果的制作。

6.3 字幕的创建与编辑

字幕是文字信息的载体，在短视频中可以起到传达信息、引导视觉和强化节奏的作用。用户可以通过文本工具和"基本图形"面板创建文本，通过"效果控件"面板设置文本参数。本节进行详细介绍。

6.3.1 使用文字工具创建字幕

Premiere中包括文字工具 **T** 和垂直文字工具 **T** 两种文本工具，其区别在于文本排列方向，文字工具创建的是横排文本，垂直文字工具创建的是直排文本。选中这两种文本工具中的任意一个，在"节目监视器"面板中单击输入文本即可，图6-56所示为使用文字工具输入的横排文本。创建文本后，"时间轴"面板中自动出现文本素材，如图6-57所示。

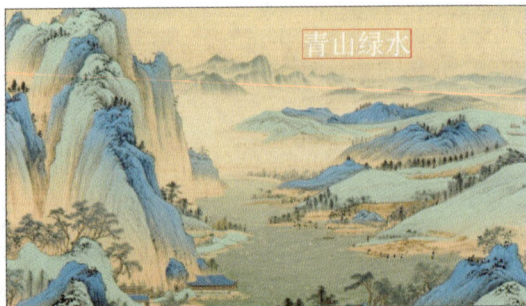

图 6-56

区域文本

选择文本工具后，在"节目监视器"面板中拖曳绘制文本框，可创建区域文本，用户可以通过调整区域文本框的大小来调整文本的可见内容，而不影响文字的大小。

图 6-57

6.3.2 使用"基本图形"面板创建字幕

"基本图形"面板可以创建并编辑字幕效果，该面板中包括"浏览"和"编辑"2个选项卡，"浏览"选项卡中提供多种预设的动态图形模板，"编辑"选项卡中则提供文本、图形的创建与编辑选项。

选择"编辑"选项卡，单击"新建图层"按钮，在弹出的快捷菜单中执行"文本"命令，如图6-58所示。或按Ctrl+T组合键，"节目监视器"面板中将出现默认的文本，如图6-59所示。双击文本可进入编辑状态进行修改。

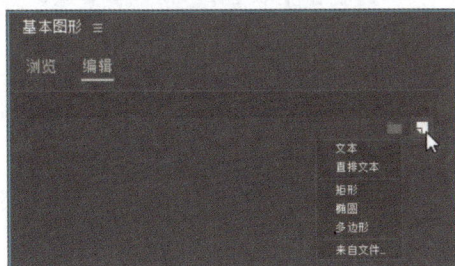

图 6-58

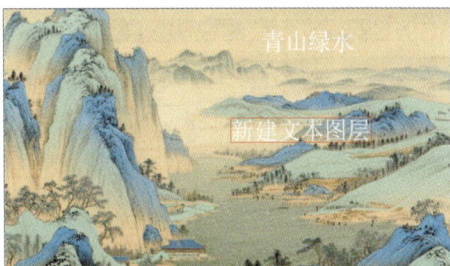

图 6-59

创建文本后，"基本图形"面板中将出现文本图层，选中文本图层后，可在"基本图形"面板中对文本的字体、大小、外观等进行设置，如图6-60所示。其中部分选项作用如下。

- **响应式设计-位置：** 用于将当前图层响应至其他图层，随着其他图层变换而变换，可以使选中图层自动适应视频帧的变化。如在文本图层下方新建矩形图层，并将矩形图层固定到文本图层的两侧，更改文字时，矩形图层两侧也会随之变化。
- **对齐：** 用于设置文本与画面对齐。

在未选中图层的情况下，将出现"响应式设计-时间"选项，如图6-61所示。"响应式设计-时间"可以保留开场和结尾关键帧的图形片段，以保证在改变剪辑持续时间

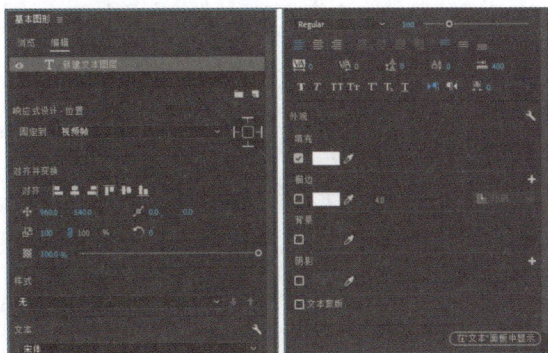

图 6-60

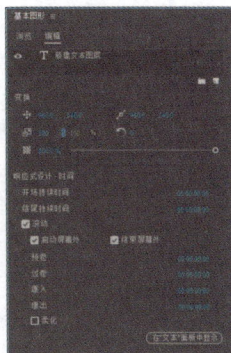

图 6-61

时不影响开场和结尾片段。在修剪图形的出点和入点时也会保护开场和结尾时间范围内的关键帧，同时对中间区域的关键帧进行拉伸或压缩，以适应改变后的持续时间。用户还可以通过选择“滚动”选项来制作滚动文字效果。

6.3.3 使用“效果控件”面板编辑字幕

除了在“基本图形”面板中编辑文本外，用户还可以选中文本素材后，在“效果控件”面板的“文本”选项组中设置文本参数，如图6-62所示。其中部分常用选项作用如下。

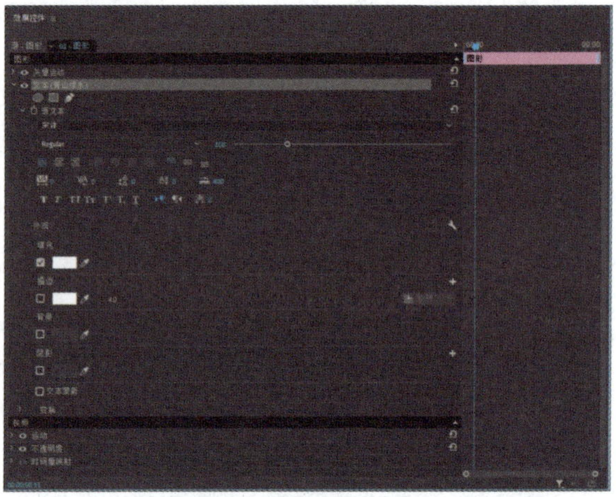

图 6-62

- **字体：** 用于设置选中文本的字体。
- **字体样式：** 用于设置文本字重，仅部分字体可设置。
- **字体大小：** 用于设置文本大小，数值越高，文本越大。
- **对齐**：用于设置文本对齐方式，包括左对齐文本、居中对齐文本、右对齐文本、最后一行左对齐、最后一行居中对齐、对齐、最后一行右对齐、顶对齐文本、居中对齐文本垂直及底对齐文本10种对齐选项。其中最后一行左对齐、最后一行居中对齐、对齐及最后一行右对齐选项仅适用于区域文本。
- **字距调整**：用于放宽或收紧选定文本或整个文本块中字符之间的间距。
- **字符间距**：用于放宽或收紧单个字符间距。
- **行距**：用于设置文本行间距。
- **基线位移**：用于设置文本在默认高度基础上向上（正）或向下（负）偏移。
- **仿粗体**：用于加粗文本。
- **仿斜体**：用于倾斜文本。
- **全部大写字母**：用于将文本中的英文字母全部改为大写。
- **小型大写字母**：用于将文本中小写的英文字母改为大写，并保持原始高度。
- **上标**：用于将选中的文本更改为上标文本。
- **下标**：用于将选中的文本更改为下标文本。
- **下划线**：用于为选中的文本添加下画线。
- **比例间距**：用于设置选定文本的四周宽度。
- **填充：** 用于设置文本颜色。勾选该复选框，文本将显示填充色。用户可以单击填充色块，打开“拾色器”对话框设置颜色，或单击吸管工具吸取颜色。
- **描边：** 用于设置文本描边。选择该复选框，文本将显示默认的描边效果，用户可以设置描边的颜色、粗细等。与填充不同，文本可以添加多个描边，单击“描边”参数中的“向此图层添加描边”按钮即可。

- **背景：** 用于设置文本背景。
- **阴影：** 用于设置文本阴影。文本可添加多个阴影效果。
- **文本蒙版：** 用于制作文本蒙版效果。若同一素材中的文本图层下方存在图形，选择该复选框将显示文本与图形重叠部分，选择"反转"复选框将制作镂空文本效果。

动手练 为短视频添加趣味标题

文字在短视频中有多种表现形式，包括标题文字、动态字幕等，这些文字可以点明视频主旨、传达信息，同时还可以丰富短视频的视觉效果。

步骤 01 打开Premiere软件，单击主页中的"新建项目"按钮 新建项目，打开"导入"模式，设置参数，如图6-63所示。

步骤 02 单击"创建"按钮，根据所选素材创建项目与序列，如图6-64所示。

图 6-63

图 6-64

步骤 03 单击"工具"面板中的文字工具 T，在"节目监视器"面板中单击输入文本，如图6-65所示。

步骤 04 选中"时间轴"面板中出现的文本素材，在"效果控件"面板中设置参数，如图6-66所示。

图 6-65

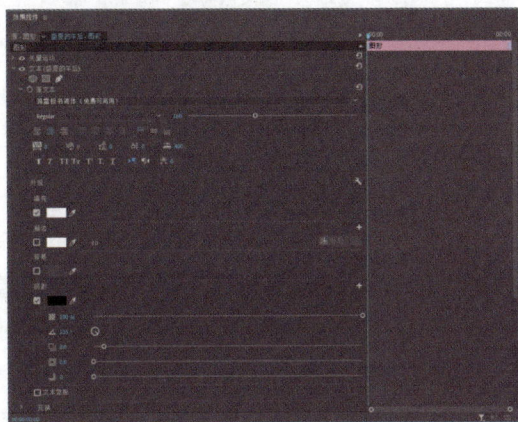

图 6-66

步骤 05 效果如图6-67所示。

步骤 06 在"基本图形"面板中选中文字图层，单击"水平居中对齐"按钮 和"垂直居中对齐"按钮 设置对齐，如图6-68所示。

图 6-67

图 6-68

步骤 07 在"效果"面板中搜索"急摇"视频过渡效果，拖曳至"时间轴"面板中文字素材的入点处，如图6-69所示。

步骤 08 选中"交叉溶解"视频过渡效果，拖曳至出点处，如图6-70所示。

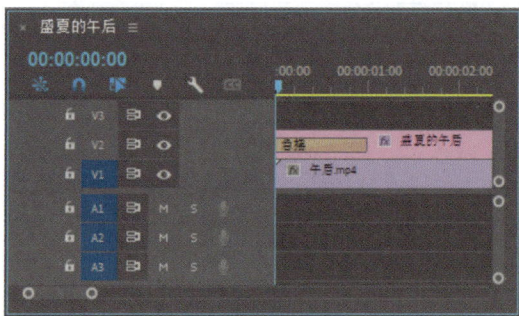

图 6-69

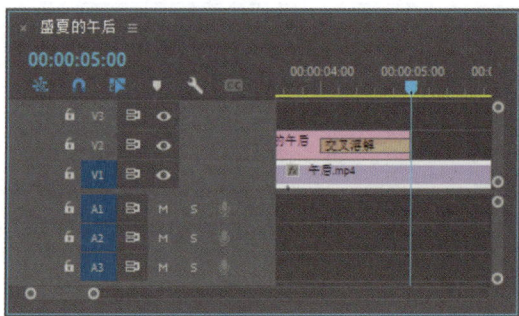

图 6-70

步骤 09 按Enter键渲染预览效果，如图6-71所示。

图 6-71

至此完成短视频趣味标题的添加。

6.4 制作视频过渡效果

视频过渡效果可以将两个镜头画面平滑地衔接起来，使素材之间的转换更加自然流畅。本节将对视频过渡效果的添加与编辑进行介绍。

▌6.4.1　添加视频过渡效果

Premiere的"效果"面板中包括多种类型的视频过渡效果，如图6-72所示。从中选择视频效果，拖曳至"时间轴"面板中的素材入点或出点处即可，如图6-73所示。

图 6-72

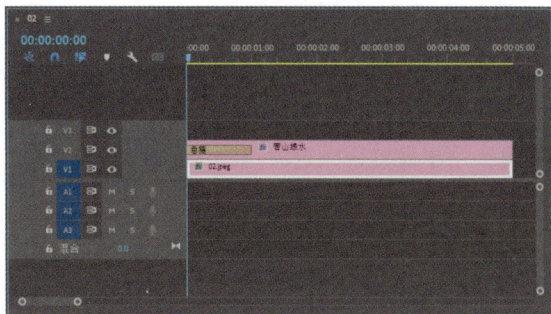

图 6-73

若想快速为多个素材添加相同的视频过渡效果，可以将该效果设置为默认过渡。选中"效果"面板中的任一视频过渡效果，右击，在弹出的快捷菜单中选择"将所选过渡设置为默认过渡"选项，将其设置为默认过渡，然后选中"时间轴"面板中要添加默认过渡的素材，执行"序列"|"应用默认过渡到选择项"命令或按Shift+D组合键添加。

6.4.2 编辑视频过渡效果

选中添加的视频过渡效果，在"效果控件"面板中可以对其持续时间、对齐位置等进行设置，图6-74所示为"推"视频过渡效果的选项。其中部分常用选项的作用如下。

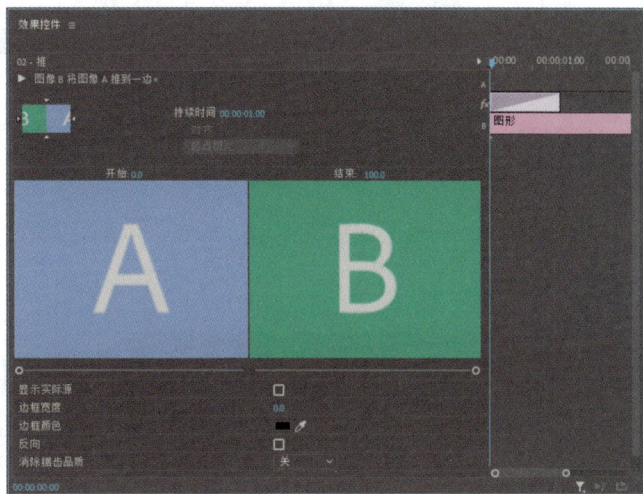

图 6-74

- **持续时间**：用于设置视频过渡效果的持续时间，时间越长，变化速度越慢。用户也可以使用选择工具在"时间轴"面板中直接拖曳调整视频过渡的持续时间。

- **过渡预览**：单击"效果控件"面板中的"播放过渡"按钮▶，将在此处播放预览过渡效果。

- **边缘选择器**：位于过渡预览周围，单击其箭头，可以更改过渡的方向或指向。

- **对齐**：用于设置视频过渡效果与相邻素材片段的对齐方式，包括中心切入、起点切入、终点切入和自定义起点4种选项。

- **开始**：用于设置视频过渡开始时的效果，默认数值为0，表示将从整个视频过渡过程的开始位置进行过渡；若将该参数数值设置为10，则从整个视频过渡效果的10%位置开始过渡。

- **结束**：用于设置视频过渡结束时的效果，默认数值为100，该数值表示将在整个视频过渡过程的结束位置完成过渡；若将该参数数值设置为90，则表示视频过渡特效结束时，视频过渡特效只是完成了整个视频过渡的90%。

- **显示实际源：** 勾选该复选框，可在"效果控件"面板中的预览区域中显示剪辑的起始帧和结束帧。
- **边框宽度：** 用于设置视频过渡过程中形成的边框宽度。
- **边框颜色：** 用于设置视频过渡过程中形成的边框颜色。
- **反向：** 勾选该复选框，将反向视频过渡的效果。

动手练 色彩效果为生成图片上色

视频过渡效果除了可以用作转场外，还可以作用于视频制作出创意性的视觉效果。

步骤01 通过即梦AI中的DeepSeek-R1根据提示词"水墨画，中式山水，青绿"丰富提示词，并选择合适的提示词生成图片，如图6-75所示。

图 6-75

步骤02 选择合适的图片保存。打开Premiere软件，根据图片新建项目和序列，如图6-76所示。

步骤03 在"效果"面板中搜索"色彩"效果，拖曳至"时间轴"面板中的素材上，效果如图6-77所示。

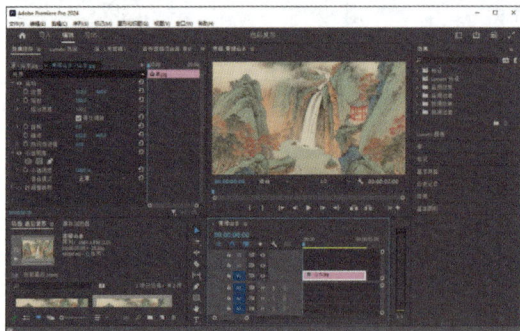

图 6-76

图 6-77

步骤04 选中V1轨道中的素材，按住Alt键向上拖曳复制，如图6-78所示。

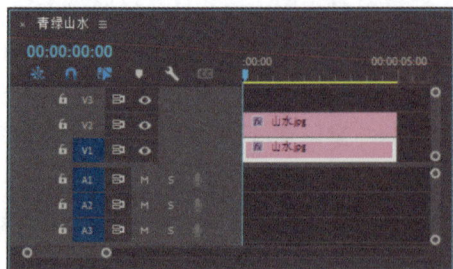

图 6-78

步骤 05 选中V2轨道中的素材，在"效果控件"面板中选中"色彩"效果，按Delete键删除，效果如图6-79所示。

图 6-79

步骤 06 在"效果"面板中搜索"交叉溶解"视频过渡效果，拖曳至V2轨道素材入点处，如图6-80所示。

步骤 07 选中添加的视频过渡效果，在"效果控件"面板中设置参数，如图6-81所示。

图 6-80

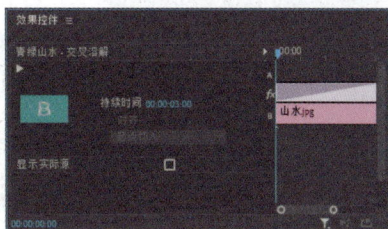

图 6-81

步骤 08 按Enter键渲染预览，如图6-82所示。

图 6-82

至此完成AI图片逐渐上色效果的制作。

6.5 实战演练：DeepSeek助力诗词短视频制作

在短视频创作过程中，用户可依托DeepSeek、即梦AI等智能工具快速生成文本、图形等创意素材，并通过Premiere等编辑软件实现后期制作。下面使用即梦AI中接入的DeepSeek-R1优化提示词，生成图片素材，并通过Premiere实现短视频制作。

1. DeepSeek 生成素材背景

步骤 01 在即梦AI "图片生成"面板对话框中单击 "Deepseek-R1"按钮，切换至DeepSeek对话模式，选择生图模型、设置清晰度、比例等参数，在文本框中输入提示词"竹林，侠客"，如图6-83所示。

步骤 02 单击"发送"按钮 ，DeepSeek将给出4份详细的提示词，选择满意的提示词，单击"立即生成"按钮，系统将根据提示词生成图片，如图6-84所示。

图 6-83

图 6-84

步骤 03 点开满意的图片，单击"下载"按钮⬇️进行下载，如图6-85所示。

步骤 04 通过看图工具调整保存图片的尺寸，如图6-86所示。

图 6-85

图 6-86

至此完成素材背景的生成与处理。

2. 制作诗词短视频

步骤 01 打开Premiere软件，单击主页中的"新建项目"按钮████，打开"导入"模式，设置参数，如图6-87所示。

步骤 02 单击"创建"按钮，根据所选素材创建项目与序列，如图6-88所示。

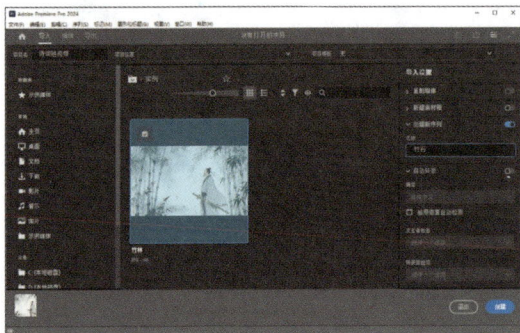

图 6-87

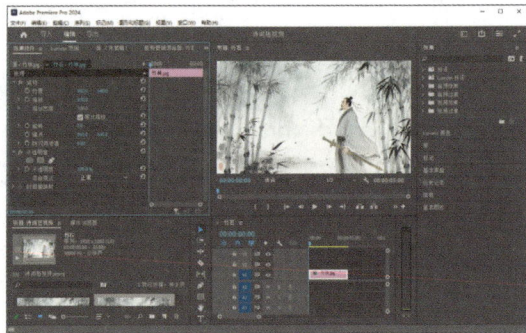

图 6-88

步骤 03 选中"时间轴"面板中的素材，右击，在弹出的快捷菜单中选择"速度/持续时间"选项，打开"剪辑速度/持续时间"对话框，设置持续时间为10秒，如图6-89所示。

步骤 04 单击"确定"按钮，移动播放指示器至00:00:00:00处，选中"时间轴"面板中的素材，在"效果控件"面板中单击"位置"和"缩放"属性左侧的"切换动画"按钮◎添加关键帧，移动播放指示器至00:00:06:00处，设置"位置"和"缩放"属性参数，软件将自动添加关键帧，如图6-90所示。

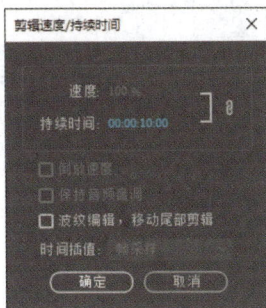

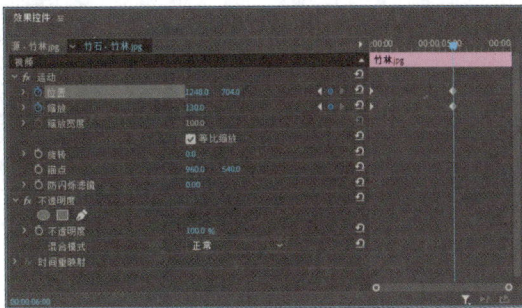

图 6-89   图 6-90

步骤 05 此时"节目监视器"面板中的效果如图6-91所示。

步骤 06 移动播放指示器至00:00:00:00处，选中文字工具T，在"节目监视器"面板中单击并输入文本，如图6-92所示。

图 6-91   图 6-92

步骤 07 选中"时间轴"面板中的文本素材，在"效果控件"面板中设置参数，如图6-93所示。

步骤 08 在"节目监视器"面板中调整文字位置，效果如图6-94所示。

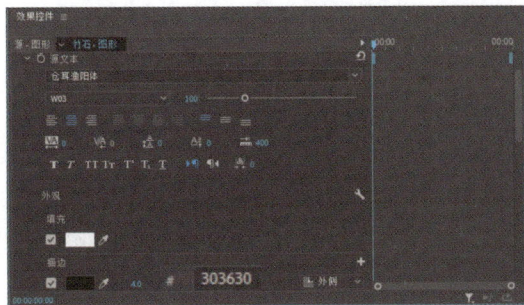

图 6-93   图 6-94

步骤 09 双击进入编辑状态，选中朝代及作者，在"基本图形"面板中设置字体大小为80，并单击"仿斜体"按钮设置倾斜，效果如图6-95所示。

步骤 10 选中"时间轴"面板中的文本素材，设置持续时间为10秒，如图6-96所示。

图 6-95

图 6-96

步骤 **11** 在"时间轴"面板空白处单击以取消选择，单击"工具"面板中的矩形工具■，在"节目监视器"面板中单击并按住鼠标左键拖曳，绘制矩形覆盖诗词标题文字，如图6-97所示。

步骤 **12** 在"时间轴"面板中设置矩形素材的持续时间为10秒，移动播放指示器至00:00:00:00处，在"效果控件"面板中为"不透明度"属性添加关键帧，并设置参数为"0.0%"，在00:00:01:00处设置"不透明度"属性参数为"100.0%"，软件将自动添加关键帧，如图6-98所示。

图 6-97

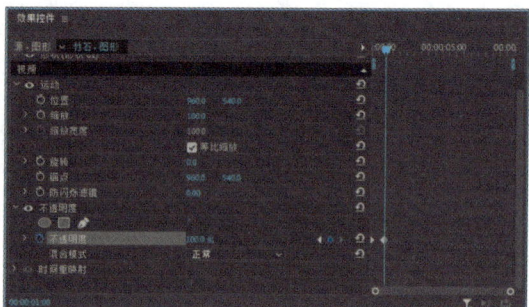

图 6-98

步骤 **13** 取消选中"时间轴"面板中的素材，继续使用矩形工具绘制矩形覆盖朝代及作者文字，如图6-99所示。

步骤 **14** 调整其持续时间为9秒（入点位于00:00:01:00处），移动播放指示器至00:00:00:00处，在"效果控件"面板中为"不透明度"属性添加关键帧，并设置参数为"0.0%"，在00:00:02:00处设置"不透明度"属性参数为"100.0%"，软件将自动添加关键帧，如图6-100所示。

图 6-99

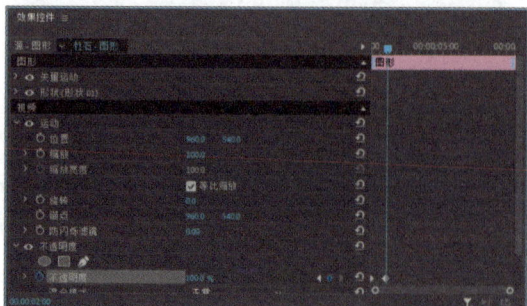

图 6-100

步骤 **15** 使用相同的方法继续绘制矩形，并调整持续时间，在入点处添加"不透明度"属性参数为"0.0%"的关键帧，在入点后1秒处添加"不透明度"属性参数为"100.0%"的关键帧，如图6-101所示。

步骤 16 选中V3～V8轨道素材，右击，在弹出的快捷菜单中选择"嵌套"选项，打开"嵌套序列名称"对话框，设置名称为"遮罩"，如图6-102所示。

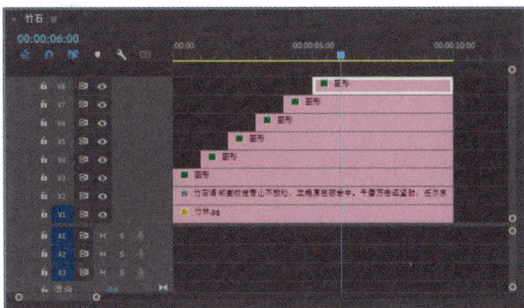

图 6-101

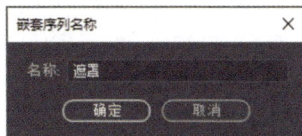

图 6-102

步骤 17 完成后单击"确定"按钮，创建遮罩嵌套序列，如图6-103所示。

步骤 18 在"效果"面板中搜索"轨道遮罩键"效果，拖曳至V2轨道素材上，在"效果控件"面板中设置"遮罩"属性为"视频3"，如图6-104所示。

图 6-103

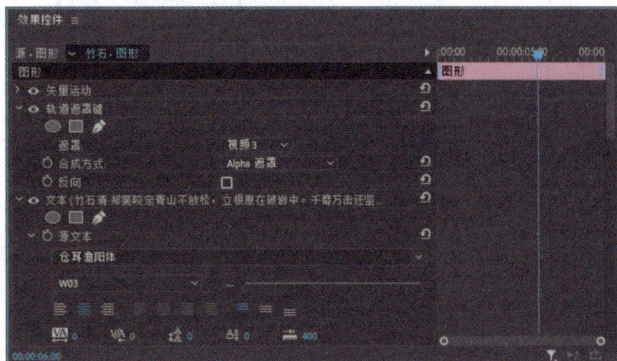

图 6-104

步骤 19 按Enter键渲染预览，效果如图6-105所示。

图 6-105

至此完成诗词短视频的制作。

第 7 章

特效：
短视频艺术效果打造

Premiere具有强大的视频处理功能，除了剪辑以外，用户还可以通过关键帧、蒙版、视频效果、音频效果等实现短视频特效的制作。本章对Premiere中的关键帧动画、视频效果、音频效果等进行详细介绍。

7.1 认识关键帧动画

关键帧动画可以将静态素材转换为动态内容，使视频更具视觉吸引力。在Premiere中，用户通过"效果控件"面板为素材属性添加关键帧，从而制作动态的变化效果。本节对此进行介绍。

7.1.1 认识"效果控件"面板

"效果控件"面板是调整和管理素材效果的核心工具，用户可以在其中对素材的基础属性、添加的效果、关键帧等进行控制，如图7-1所示。该面板中部分常用选项的作用如下。

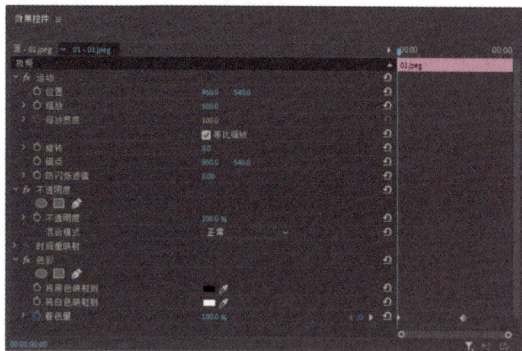

图 7-1

- **运动**：用于设置素材的位置、缩放、旋转等运动属性。
- **不透明度**：用于设置素材的不透明度。
- **时间重映射**：用于设置素材的速度。
- **切换效果开关 fx / ◎**：单击该按钮，将禁用相应的效果，此时按钮变为 fx 状，"节目监视器"面板中该效果被隐藏，再次单击可重新启用该效果。
- **切换动画 ◎**：单击该按钮将激活关键帧，2个及以上具有不同状态的关键帧之间将出现变化的效果。若在已有关键帧的情况下单击该按钮，将删除相应属性的所有关键帧。
- **添加/移除关键帧 ◎**：激活关键帧过程后出现该按钮，单击可添加或移除关键帧。
- **重置效果 ⊇**：单击该按钮，将重置当前选项为默认状态。

7.1.2 添加关键帧

选中"时间轴"面板中的素材，在"效果控件"面板中单击属性左侧的"切换动画"按钮将激活该属性的关键帧，如图7-2所示。移动播放指示器后，调整该属性参数将在此处自动添加关键帧，如图7-3所示。用户也可以单击"添加/移除关键帧"按钮，在播放指示器所在处添加关键帧后再进行调整。

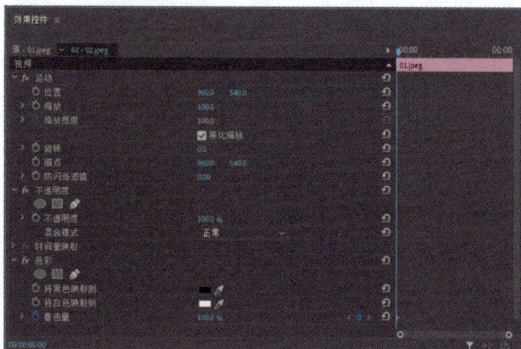

图 7-2

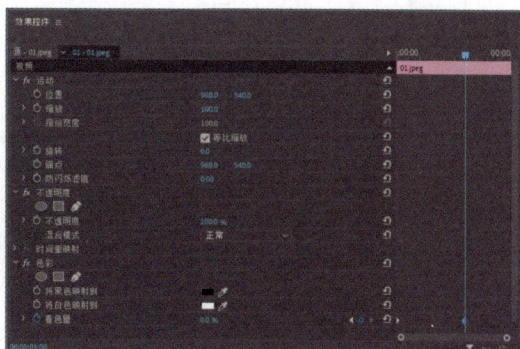

图 7-3

7.1.3 关键帧插值

关键帧插值决定了关键帧之间的属性如何变化，它可以通过算法自动生成两个关键帧之间的中间帧，控制动画的过渡效果，从而影响动画的速度和视觉效果。Premiere中存在临时插值和空间插值两种关键帧插值，下面对此进行介绍。

1. 临时插值

"临时插值"控制时间线上的速度变化状态。在"效果控件"面板中选中关键帧并右击，在弹出的快捷菜单中可以选择需要的插值方法，如图7-4所示。"临时插值"各选项功能如下。

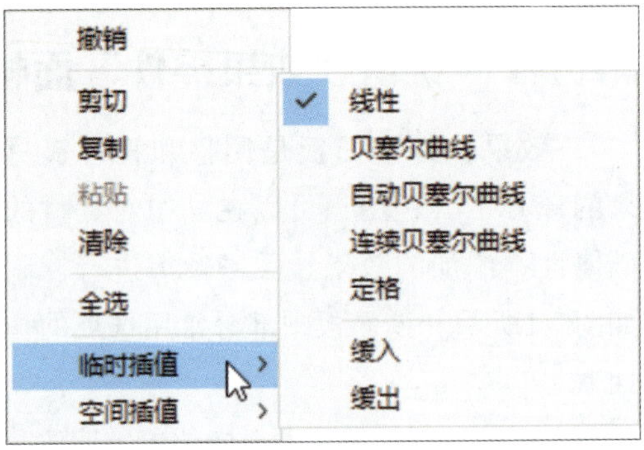

图 7-4

- **线性：** 默认的插值选项，可用于创建匀速变化的插值，运动效果相对来说比较机械。
- **贝塞尔曲线：** 用于提供手柄在关键帧的任一侧手动调整图表的形状以及变化速率，该选项对关键帧的控制最强。
- **自动贝塞尔曲线：** 用于创建具有平滑的速率变化的插值，且更改关键帧的值时会自动更新，以维持平滑过渡效果。
- **连续贝塞尔曲线：** 与自动贝塞尔曲线类似，但提供一些手动控件进行调整。在关键帧的一侧更改图表的形状时，关键帧另一侧的形状也会相应变化以维持平滑过渡。
- **定格：** 定格插值仅供时间属性使用，可用于创建不连贯的运动或突然变化的效果。使用定格插值时，将持续前一个关键帧的数值，直到下一个定格关键帧立刻发生改变。
- **缓入：** 用于减慢进入关键帧的值变化。
- **缓出：** 用于逐渐加快离开关键帧的值变化。

2. 空间插值

"空间插值"关注的是对象在屏幕空间内的路径，决定了素材运动轨迹是曲线还是直线。图7-5所示为"空间插值"的快捷菜单。执行"线性"命令时，素材运动轨迹为直线，执行贝塞尔曲线命令时，素材运动轨迹为曲线。

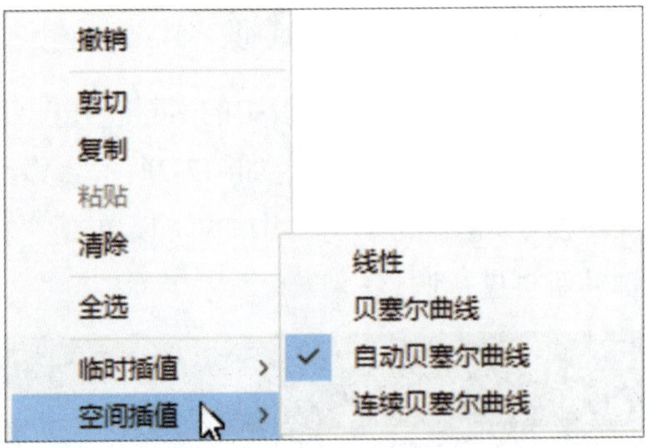

图 7-5

7.1.4 蒙版和跟踪效果

蒙版和跟踪可以制作局部特效、动态遮罩、物体跟随等效果，辅助用户实现更具创意的短视频画面。用户可以为素材的不透明度属性以及添加的效果创建蒙版。

选中素材后，在"效果控件"面板中单击"创建椭圆形蒙版"或"创建4点多边形蒙版"按钮，"节目监视器"面板中的素材上将自动出现相应形状的蒙版，用户可以选中锚点进行调整，图7-6、图7-7所示为椭圆形蒙版及其调整效果。若想绘制特殊造型的蒙版，可以单击"自由绘制贝塞尔曲线"按钮，再在"节目监视器"面板中进行绘制。

图 7-6

图 7-7

创建蒙版后，"效果控件"面板中将出现蒙版选项，如图7-8所示。通过这些选项可以调整蒙版的范围、可见性等，其中各选项功能如下。

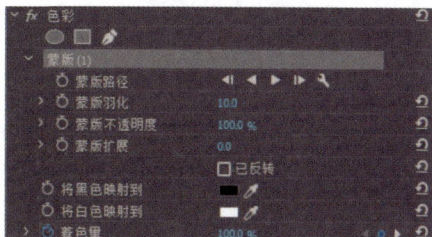

图 7-8

- **蒙版路径**：用于记录蒙版路径。单击该选项中跟踪相关的按钮，可以使蒙版自动跟随运动的对象。
- **蒙版羽化**：用于柔化蒙版边缘，数值越大，边缘越柔和，如图7-9所示。该选项也可以通过"节目监视器"面板中蒙版的羽化手柄 进行调整。
- **蒙版不透明度**：用于调整蒙版的不透明度。当值为100时，蒙版完全不透明，

图 7-9

并会遮挡图层中位于其下方的区域。不透明度越小，蒙版下方的区域就越清晰可见。
- **蒙版扩展**：用于扩展蒙版范围。正值将外移边界，负值将内移边界。该选项也可以通过"节目监视器"面板中蒙版的扩展手柄 进行调整。
- **已反转**：选择该复选框将反转蒙版范围。

动手练 DeepSeek创意转场方案

关键帧和蒙版结合可以制作丰富的短视频效果，如分屏动画、物体追踪与聚焦、创意转场等。用户可以通过DeepSeek提供制作思路，再使用Premiere制作短视频。

1. DeepSeek 创意方案提供

步骤 01 打开DeepSeek，根据提示词"Premiere中的蒙版+关键帧可以制作什么样的具有吸引力的短视频效果？"提问。

步骤 02 DeepSeek在思考后会给出回答。

DeepSeek

在Premiere中，蒙版（Mask）与关键帧（Key frame）的结合可以创造出多种富有创意的短视频效果。以下是10种极具吸引力的应用场景和技巧，适合提升视频的视觉冲击力和叙事趣味性。

1. 创意转场效果

- **形状转场**：用蒙版绘制几何形状（如圆形、菱形等），通过关键帧控制形状的缩放或位移，实现画面间的动态切换。
- **无缝遮罩转场**：跟踪画面中的移动物体（如人物手臂），用蒙版将下一个场景"贴合"到物体上，形成连贯的转场（类似《寄生虫》中的经典转场）。
- **擦除转场**：用线性蒙版模拟"擦拭"效果，结合关键帧控制蒙版路径，让画面像黑板擦一样逐渐显露新场景。

2. 动态分屏动画

- **多画面互动**：用多个蒙版分割屏幕，通过关键帧让不同分屏区域动态缩放、移动或旋转，呈现「对话对比」或「多线叙事」。
- **拼图式分屏**：将画面切割为不规则形状（如拼图块），通过关键帧让分屏模块错落出现，增强信息传递的节奏感。

3. 物体追踪与聚焦

- **自动跟踪蒙版**：用「蒙版路径」的自动追踪功能锁定移动物体（如人脸、车辆），结合关键帧调整蒙版羽化或扩展，实现动态聚焦或背景模糊。
- **局部高光**：对画面中的关键元素（如产品LOGO、手势）添加蒙版，通过关键帧控制亮度/饱和度，引导观众视线。

4. 文字与图形的融合动画

- **文字镂空**：在背景图层添加文字蒙版，通过关键帧让文字区域透出下层动态视频（如流动的云层或人群）。
- **路径文字**：用蒙版绘制曲线路径，结合关键帧让文字沿路径运动，适合制作科技感标题或歌词动画。

5. 虚实结合的合成效果

- **局部虚实过渡**：对同一画面复制两层，上层用蒙版圈定区域，通过关键帧控制模糊或透明度，实现「局部清晰→模糊」的动态变化。
- **蒙版穿越**：用蒙版模拟"穿过"物体的视角（如从钥匙孔到全景），结合关键帧缩放模拟第一人称镜头感。

6. 动态光影与粒子效果

- **模拟光照**：用蒙版绘制光斑形状，通过关键帧调整亮度、色温和位置，模拟移动的阳光或灯光效果。
- **粒子遮罩**：将粒子素材（如星光、烟雾）通过蒙版限制在特定区域，用关键帧控制粒子出现范围，制造魔法特效。

7. 创意抠像与合成

- **动态绿幕**：对绿幕素材逐帧调整蒙版路径，解决复杂边缘（如头发丝）的抠像问题。
- **蒙版叠加**：将多个视频通过蒙版局部叠加（如将火焰合成到人物瞳孔中），结合关键帧控制混合模式。

8. 故障艺术与抽象效果

- **RGB分离**：复制视频为红、绿、蓝三层，分别添加偏移蒙版，通过关键帧制造数字故障感的色彩错位。
- **蒙版破碎**：用多个蒙版切割画面，通过关键帧让碎片随机位移/旋转，模拟画面崩解效果。

9. 镜像与无限循环

- **对称蒙版**：用蒙版反射画面一侧，通过关键帧控制反射区域的动态扩展，营造超现实空间感。
- **循环动画**：对蒙版形状（如波浪线）添加循环关键帧，生成无限滚动的背景图案。

10. 互动式视觉引导

- **手势触发**：根据视频中人物的手势绘制蒙版路径，通过关键帧让特效（如光效、贴图等）跟随手势同步出现。
- **视线追踪**：用蒙版模拟人物视线焦点，通过关键帧让焦点外的画面逐渐虚化，增强叙事沉浸感。

11. 操作技巧

- **平滑关键帧**：右击关键帧选择「缓入/缓出」或使用「速度曲线」，避免运动生硬。
- **蒙版羽化**：适当增加羽化值（5~15px），让边缘过渡自然。
- **嵌套序列**：复杂蒙版动画建议先嵌套图层，便于整体控制。

12. 案例参考

- **电影感片头**：用圆形蒙版从眼睛特写展开到全景画面。
- **Vlog聚焦**：用矩形蒙版跟踪咖啡杯，背景动态模糊突出主体。
- **音乐MV**：歌词文字随蒙版路径从火焰中浮现。

通过组合以上技巧，可以让短视频摆脱单调剪辑，快速提升专业度和传播力。

选择感兴趣的效果进行制作，本例选择创意转场效果中的形状转场制作。

2. 创意转场效果制作

步骤 01 打开Premiere软件，单击主页中的"新建项目"按钮，打开"导入"模式，设置项目参数，如图7-10所示。

步骤 02 完成后单击"确定"按钮，根据所选素材创建项目与序列，如图7-11所示。

图 7-10

图 7-11

步骤 03 单击"项目"面板中的"新建项"按钮 ▣，在弹出的快捷菜单中执行"黑场视频"命令，打开"创建黑场视频"对话框，设置参数，如图7-12所示。

步骤 04 完成后单击"确定"按钮新建黑场视频，并将其拖曳至V2轨道，调整持续时间为1秒，如图7-13所示。

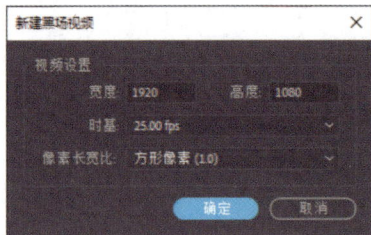

图 7-12

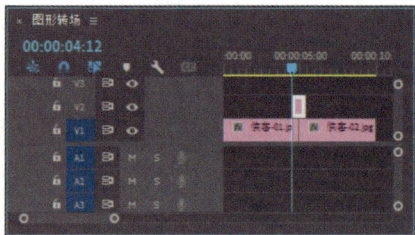

图 7-13

步骤 05 移动播放指示器至00:00:05:00处，选中黑场视频素材，单击"效果控件"面板的"不透明度"属性中的"创建椭圆形蒙版"按钮 ⬤，"节目监视器"面板中自动出现椭圆形蒙版，调整蒙版形状，如图7-14所示。

步骤 06 在"效果控件"面板中设置蒙版属性，并为"蒙版扩展"属性添加关键帧，如图7-15所示。

图 7-14

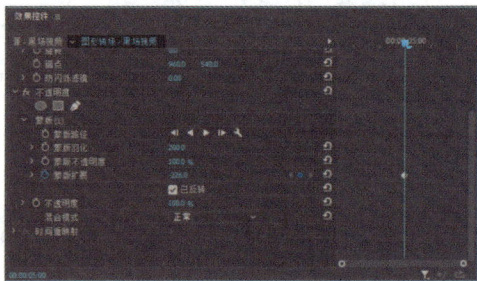

图 7-15

步骤 07 效果如图7-16所示。

步骤 08 移动播放指示器至00:00:04:12处，在"效果控件"面板中调整"蒙版扩展"属性参数，使画面完全显露，效果如图7-17所示。

图 7-16

图 7-17

步骤 09 选中00:00:04:12处的关键帧，按Ctrl+C组合键复制，移动播放指示器至00:00:05:12处，按Ctrl+V组合键粘贴，效果如图7-18所示。

步骤 10 在"效果控件"面板中选中关键帧，右击，在弹出的快捷菜单中选择"缓入"和

"缓出"选项，如图7-19所示。

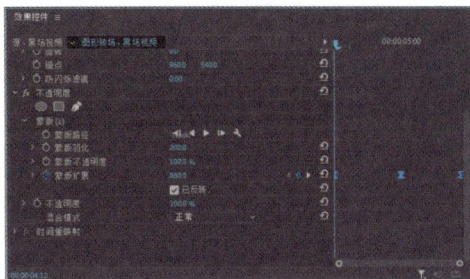

图 7-18   图 7-19

步骤 11 按Enter键渲染预览，效果如图7-20所示。

图 7-20

至此完成创意转场效果的制作。

7.2 Premiere制作视频特效

Premiere中的视频效果可以对视频剪辑进行视觉调整、修复或创意处理，从而解决拍摄中的问题或增强视觉效果，提升短视频画面表现力。

7.2.1 添加视频效果

视频效果集中在"效果"面板中的"视频效果"组中，用户可以通过2种方式将其添加至"时间轴"面板中的素材上。

● 在"效果"面板中选中要添加的视频效果，拖放至"时间轴"面板中的素材上。

● 选中"时间轴"面板中的素材，在"效果"面板中双击要添加的视频效果。

添加视频效果的素材，FX徽章颜色将变为紫色，如图7-21所示。同时，"效果控件"面板中将出现该效果的属性参数，如图7-22所示。用户可以进行调整以设置效果。

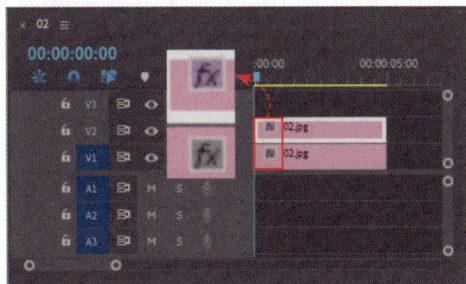
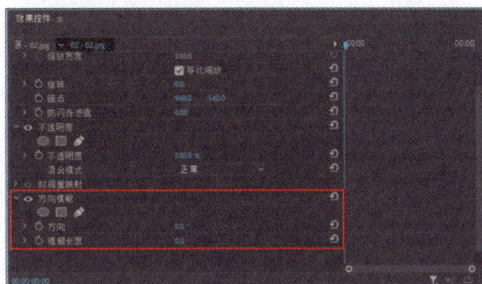

图 7-21   图 7-22

7.2.2　调色效果

在短视频制作中，色彩扮演着极为重要的角色，它不仅影响视频画面的视觉效果，还起到烘托氛围、强化内容、传递情绪的作用。Premiere中的调色效果可以帮助创作者对短视频进行调色。

1."调整"效果组

"调整"效果组中包括提取、色阶、ProcAmp和光照效果4种效果，这些效果的作用如下。

- **提取：** 去除素材中的颜色，制作黑白影像的效果。
- **色阶：** 通过调整素材图像的RGB通道色阶，改变素材的显示效果。
- **ProcAmp：** 通过调节素材图像整体的亮度、对比度、饱和度等参数，改变素材的显示效果。
- **光照效果：** 模拟光照打在素材画面中的效果，最多可采用5种光照来产生有创意的照明氛围。

图7-23、图7-24所示为添加光照效果前后的对比效果。

图 7-23　　　　　　　　　　　　　　　　图 7-24

2."图像控制"效果组

"图像控制"效果组包括灰度系数校正、颜色替换、颜色过滤和黑白4种效果，可以处理素材中的特定颜色。这些效果的作用如下。

- **灰度系数校正：** 通过更改中间调的亮度级别，在不显著更改阴影和高光的情况下使图像变暗或变亮。
- **颜色替换：** 替换素材中指定的颜色，且保持其他颜色不变。
- **颜色过滤：** 仅保留指定的颜色，使其他颜色呈灰色显示，或仅使指定的颜色呈灰色显示而保留其他颜色。
- **黑白：** 去除素材的颜色信息，使其呈现黑白效果。

图7-25、图7-26所示为添加并调整颜色过滤效果前后的对比效果。

图 7-25　　　　　　　　　　　　　　　　图 7-26

3. "颜色校正"效果组

"颜色校正"效果组中包括亮度与对比度、Lumetri颜色、色彩等6种效果，可以用于校正素材颜色。这些效果的作用如下。

- **ASC CDL**：通过调整素材图像的红、绿、蓝通道的参数及饱和度校正素材图像。
- **亮度与对比度（Brightness & Contrast）**：通过调整亮度和对比度参数调整素材图像的显示效果。
- **Lumetri颜色**：综合性校正颜色的效果，包括基本校正、创意、曲线、色轮和匹配、HSL辅助、晕影等属性参数。
- **色彩**：将相等的图像灰度范围映射到指定的颜色，即在图像中将阴影映射到一种颜色，高光映射到另一种颜色，而中间调映射到两种颜色的中间值。

图 7-27

- **视频限制器**：限制素材图像的RGB值以满足HDTV数字广播规范的要求。
- **颜色平衡**：通过更改图像阴影、中间调和高光中的红、绿、蓝色所占的量来调整画面效果。

图7-27、图7-28所示为添加并调整亮度与对比度效果前后的对比效果。

图 7-28

4. "通道"效果组

"通道"效果组中只有"反转"效果，该效果可以反转素材的通道，制作负片的效果，如图7-29、图7-30所示。

图 7-29

图 7-30

知识延伸

"过时"效果组

"过时"效果组中还包括一些调色效果，如RGB曲线、颜色平衡（HLS）等，这些效果由于软件更新或技术进步而不再推荐使用，用户可以根据需要自行选择。

动手练 **DeepSeek怀旧调色方案**

色彩在短视频中起着至关重要的作用，创作者可以通过调色设计不同的视频氛围。

1. DeepSeek 创意方案提供

步骤 01 打开DeepSeek，根据提示词"在Premiere中，如何将正常色调的视频调整为20世纪80—90年代的香港影片的风格？请提供简单可行的操作步骤。"提问。

步骤 02 DeepSeek在思考后会给出回答。

DeepSeek

在Premiere中将视频调整为20世纪80—90年代的香港影片的风格，可以遵循以下简单步骤。这种风格通常以低对比度、暖黄/青橙色调、胶片颗粒感和柔光效果为特征。操作步骤如下。

1. 基础调整（Lumetri Color）

- **对比度**：降低对比度（约-10~20），让画面更柔和。
- **高光/阴影**：压低高光（-10~30），提亮阴影（+10~30），减少明暗反差。
- **饱和度**：略微降低整体饱和度（-5~10），避免色彩过于鲜艳。
- **色温**：向黄色方向微调（+5~15），增加复古暖调。

2. 色彩分级（青橙色调）

（1）曲线工具

- **色相 vs 色相**：将蓝色向青色偏移，红色向橙色偏移。
- **色相 vs 饱和度**：提升橙色和青色的饱和度，降低其他颜色（如绿色、紫色）的饱和度。

（2）HSL辅助

- 选中肤色区域（橙色/黄色），适当提亮并增加暖调。
- 选中背景/暗部区域（青/蓝色），添加冷色调。

3. 色调分离

- **阴影**：添加青色（RGB值为R:180, G:220, B:230），强度为10%~20%。
- **高光**：添加橙黄色（RGB值为R:255, G:220, B:180），强度为5%~15%。
- 使用 Lumetri 的"色彩"|"色调分离"命令调整。

4. 添加胶片质感

（1）颗粒效果

- 在效果面板搜索"杂色"并添加到视频。
- 调整参数：杂色数量（3%~8%）、杂色类型（高斯）、大小（中）。

（2）柔光效果

- 复制视频图层到上方轨道。
- 添加"高斯模糊"（半径为20~50），调整混合模式为"柔光"或"叠加"，降低不透明度（20%~40%）。

5. 模拟胶片晕影

在 Lumetri 的"效果"|"晕影"中：

- **数量**：-20~-10（暗角强度）。
- **中点**：30~50（控制暗角范围）。

6. 最终微调

- 用 RGB 曲线轻微压缩亮部（S型曲线）。
- 叠加一层淡黄色透明渐变（可选），模拟老电影褪色感。

7. 示例参数参考（Lumetri）

参数	调整方向	数值范围
对比度	降低	-20~-10
高光	压低	-30~-20
阴影	提亮	+10~+30
色温	偏黄	+10~+15
色调分离阴影	青蓝色	强度15%
色调分离高光	橙黄色	强度10%

8. 注意事项

- 不同素材的原始光线和色彩差异较大，需根据实际画面进行微调。
- 可保存为Lumetri预设，方便复用。
- 参考经典香港影片（如《重庆森林》《英雄本色》）的色调进行对比调整。

通过以上步骤，普通视频会呈现出低饱和、暖黄青橙交织的复古香港风质感。

2. 怀旧色调效果制作

步骤01 打开Premiere软件，单击主页中的"新建项目"按钮，打开"导入"模式，设置参数，如图7-31所示。

步骤02 完成后单击"确定"按钮，根据所选素材创建项目与序列，如图7-32所示。

图 7-31

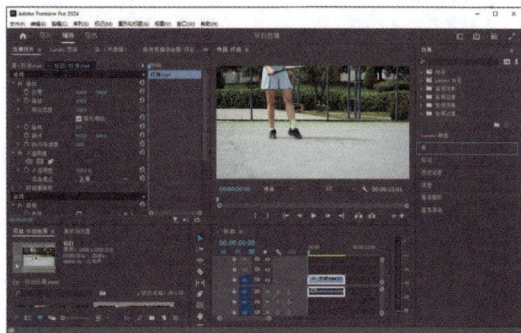

图 7-32

步骤03 新建调整图层，并添加至V2轨道，调整持续时间与V1轨道素材一致，如图7-33所示。

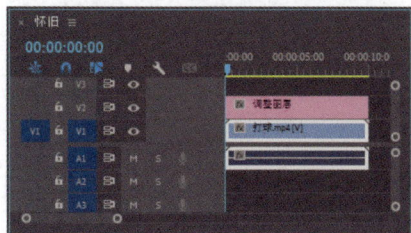

图 7-33

步骤 04 在"效果"面板中搜索"Lumetri 颜色"效果，并拖曳至V2轨道的调整素材上，在"效果控件"面板的"Lumetri 颜色"效果中的"基本校正"属性组中设置参数，如图7-34所示。

步骤 05 效果如图7-35所示。

步骤 06 在"曲线"属性组中设置参数，如图7-36所示。

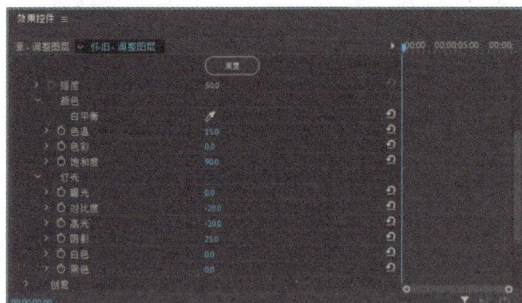

图 7-34

图 7-35

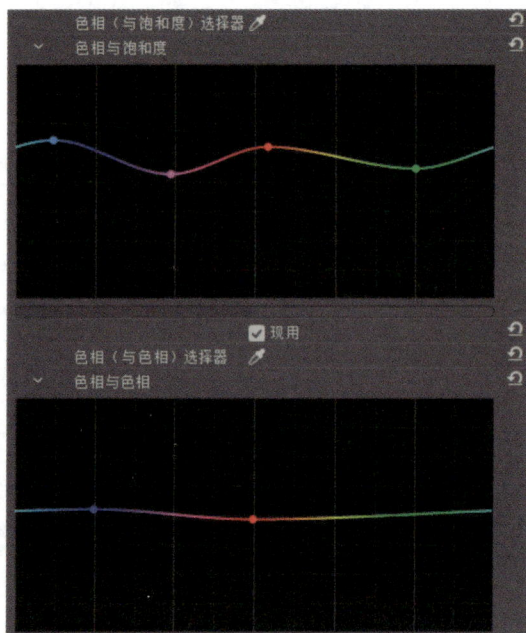

图 7-36

步骤 07 效果如图7-37所示。

步骤 08 在"HLS辅助"属性组中使用"设置颜色"中的吸管工具吸取皮肤颜色，设置H、L、S后调整参数，如图7-38所示。

图 7-37

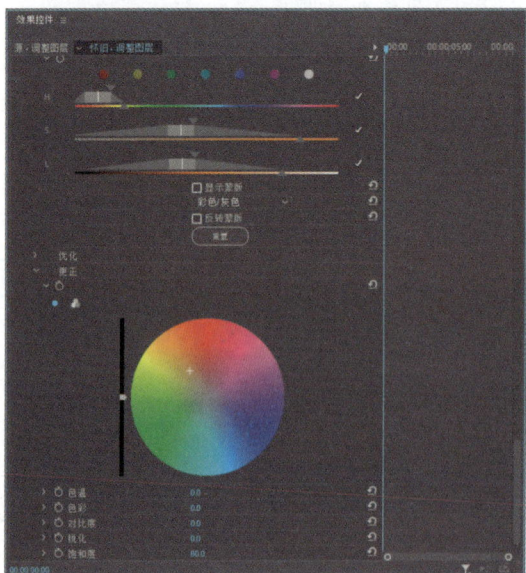

图 7-38

步骤 09 吸取背景处颜色，设置参数，如图7-39所示。

步骤 10 效果如图7-40所示。

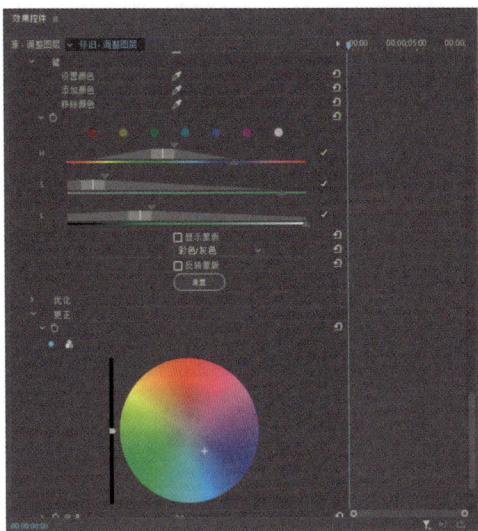

图 7-39

图 7-40

步骤 11 在"色轮与匹配"属性组中设置阴影和高光，如图7-41所示。

步骤 12 效果如图7-42所示。

图 7-41

图 7-42

步骤 13 在"效果"面板中搜索"杂色"效果，并拖曳至V2轨道素材上，在"效果控件"面板中设置参数，如图7-43所示。

步骤 14 效果如图7-44所示。

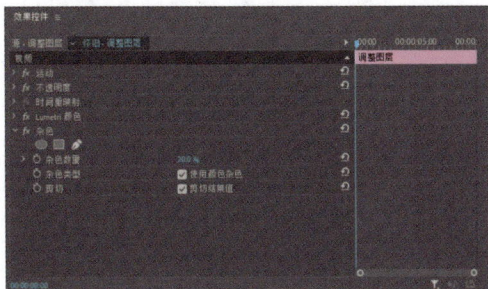

图 7-43

图 7-44

步骤 15 复制调整图层至V3轨道，在"效果"面板中搜索"高斯模糊"效果，并拖曳至V3轨道素材上，在"效果控件"面板中设置参数，如图7-45所示。

步骤 16 效果如图7-46所示。

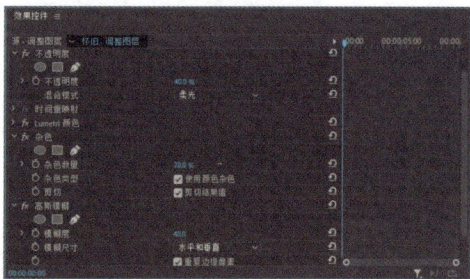

图 7-45

图 7-46

步骤 17 新建黑场视频素材，添加至V4轨道中，调整持续时间与V3轨道素材一致。为其"不透明度"属性添加椭圆形蒙版，调整参数，如图7-47所示。

步骤 18 效果如图7-48所示。

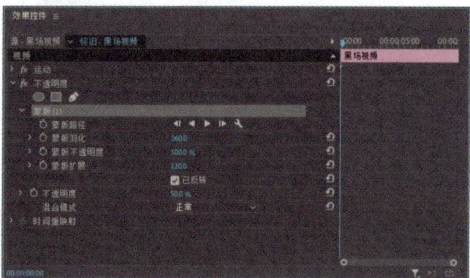

图 7-47

图 7-48

步骤 19 按Enter键渲染预览，如图7-49所示。

图 7-49

至此完成怀旧色调的制作。

7.2.3　抠像效果

抠像可以通过技术手段将视频或图像中的特定区域分离出来，替换为其他内容。创作者可以通过"键控"效果组中的效果实现这一功能。"键控"效果组中包括Alpha调整、亮度键、超级键、轨道遮罩键和颜色键5种效果，这些效果的作用如下。

- **Alpha调整：** 在更改固定效果的默认渲染顺序时，可以使用"Alpha调整"效果代替"不透明度"效果，更改不透明度百分比可创建透明度级别。
- **亮度键：** 利用素材图像的亮暗对比，抠除图像的亮部或暗部，保留另一部分。
- **超级键：** 指定图像中的颜色范围，生成遮罩。
- **轨道遮罩键：** 使用上层轨道中的图像遮罩当前轨道中的素材。
- **颜色键：** 去除图像中指定的颜色。

图7-50、图7-51所示为添加并设置超级键效果前后的对比效果。

图 7-50

图 7-51

动手练 生成图片替换素材背景

通过抠像效果，创作者可以轻松替换素材背景，制作更具创意的短视频效果。

步骤 01 通过AI工具如即梦AI，根据提示词"*奇幻世界，草地，森林，仿真*"生成背景图片，保存并调整大小，如图7-52所示。

步骤 02 打开Premiere软件，单击主页中的"新建项目"按钮 新建项目 ，打开"导入"模式，设置参数，如图7-53所示。

图 7-52

图 7-53

步骤 03 完成后单击"确定"按钮，根据所选素材创建项目与序列，如图7-54所示。

步骤 04 将视频素材拖曳至V2轨道中，调整图像素材的持续时间，如图7-55所示。

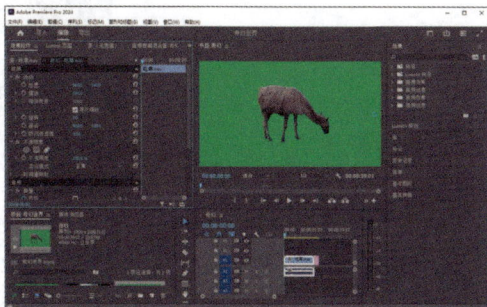

图 7-54

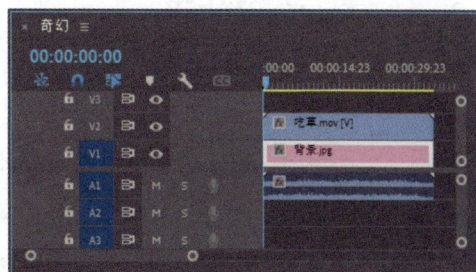

图 7-55

步骤 05 在"效果"面板中搜索"超级键"视频效果，拖曳至V2轨道中的视频素材上，在"效果控件"面板中使用吸管工具吸取画面中的绿色，并设置参数，如图7-56所示。

步骤 06 效果如图7-57所示。

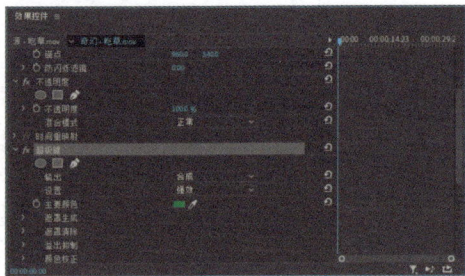

图 7-56

图 7-57

步骤 07 设置"缩放"和"位置"属性参数，效果如图7-58所示。

步骤 08 选中V1轨道素材，在00:00:00:00处为"缩放"属性添加关键帧，在00:00:01:20处设置"缩放"属性参数，软件将自动添加关键帧，如图7-59所示。

图 7-58

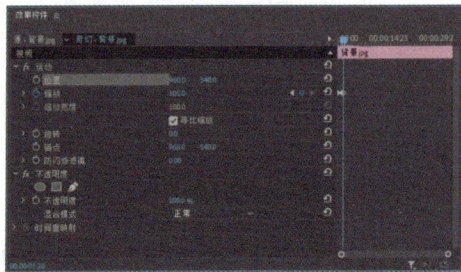

图 7-59

步骤 09 按Enter键渲染预览，效果如图7-60所示。

图 7-60

至此完成奇幻世界效果的制作。

7.2.4 其他常用效果

"效果"面板中还提供多种常用效果组，如图7-61所示。其中较为常用的效果组的作用如下。

- **"变换"效果组**：变换素材，使其产生翻转、羽化、自动重构等变化。
- **"扭曲"效果组**：通过几何扭曲变形素材，使画面中的素材产生变形。
- **"模糊与锐化"效果组**：通过调节素材图像间的差异，模糊图像使其更加柔化或锐化，使纹理更加清晰。
- **"生成"效果组**：在素材画面中添加渐变、镜头光晕等特殊效果。
- **"透视"效果组**：帮助用户制作空间中的透视效果或添加素材投影。
- **"风格化"效果组**：对素材图像进行艺术化处理，使其形成独特的视觉效果。

图 7-61

图7-62、图7-63所示为添加并设置"扭曲"效果组中旋转扭曲效果前后的对比效果。

图 7-62

图 7-63

动手练 短视频横竖屏转换

针对不同的发布平台，往往需要制作不同画幅的视频。Premiere中的"自动重构"效果能够帮助用户轻松重构画面，从而适配不同发布途径。

步骤 01 打开Premiere软件，单击主页中的"新建项目"按钮 新建项目 ，打开"导入"模式，设置参数，如图7-64所示。

步骤 02 完成后单击"确定"按钮，根据所选素材创建项目与序列，如图7-65所示。

图 7-64

图 7-65

步骤 03 执行"文件"|"新建"|"序列"命令，打开"新建序列"对话框，打开"设置"选项卡，设置参数，如图7-66所示。

步骤 04 完成后单击"确定"按钮即可新建序列，如图7-67所示。

步骤 05 将"横版"序列拖拽至"时间轴"面板V1轨道，效果如图7-68所示。

步骤 06 在"效果"面板中搜索"自动重构"效果，拖拽至V1轨道素材上，在"效果控件"面板中单击"分析"按钮，效果如图7-69所示。

至此，完成短视频横竖屏转换效果的制作。

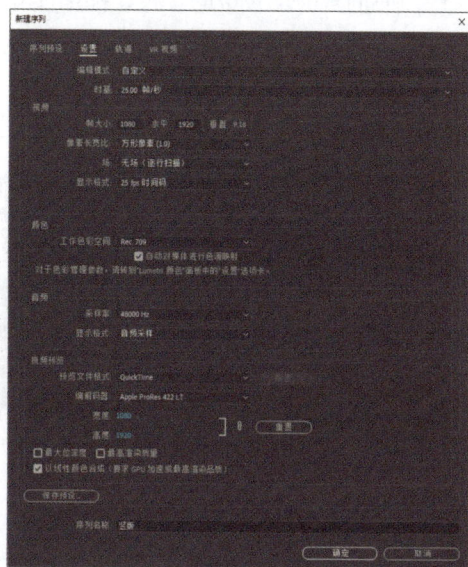
图 7-66

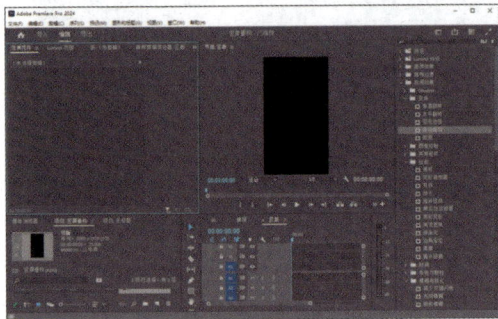

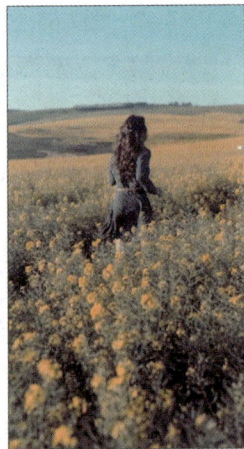

图 7-67　　　　　　　　　　　图 7-68　　　　　　　　　　图 7-69

7.3　Premiere调整音频效果

声音是短视频中的重要角色，可以起到增强内容感染力、渲染氛围、控制节奏的作用。Premiere为创作者提供专业的音频处理工具，包括各种音频效果、"基本声音"面板等，这些工具可以帮助创作者精准调控音频，创造声画和谐的短视频。

7.3.1　添加音频素材

与视频、图像等视觉类素材不同，音频素材需要放置到"时间轴"面板中的A系列轨道中。导入音频素材后，将其拖曳至A系列轨道中进行添加即可，如图7-70所示。

7.3.2　音频持续时间调整

选中"时间轴"面板中的音频素材并右击，在弹出的快捷菜单中选择"速度/持续时间"选项，打开"剪辑速度/持续时间"对话框，如图7-71所示。从中设置参数可以调整音视频素材的持续时间。要注意的是，在调整音频持续时间时，一般需要勾选"保持音频音调"复选框，以确保音频不变调。

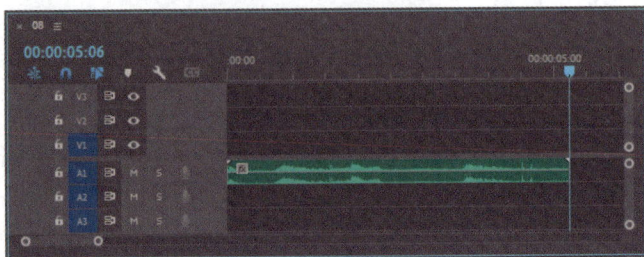

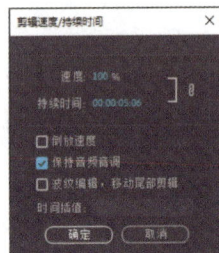

图 7-70　　　　　　　　　　　　　　图 7-71

7.3.3　音频增益调整音频音量

音频增益可以通过调整音频信号的输入/输出电平强度，控制素材的原始振幅（波形大

小）。选中"现在"面板中的音频素材，执行"剪辑"|"音频选项"|"音频增益"命令，打开"音频增益"对话框，如图7-72所示。从中设置参数将调整所选素材的音频增益。该对话框中各选项作用如下。

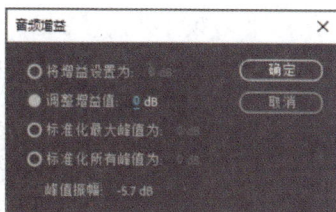

图 7-72

- **将增益设置为：**将增益设置为某一特定值，该值始终更新为当前增益。
- **调整增益值：**用于调整具体的增益数值，在此字段中输入非零值，"将增益设置为"值会自动更新，以反映应用于该剪辑的实际增益值。
- **标准化最大峰值为：**用于设置选定素材的最大峰值振幅。
- **标准化所有峰值为：**用于设置选定素材的峰值振幅。

7.3.4　音频关键帧制作音频变化效果

音频关键帧可以动态处理音频，实现复杂音频设计。用户可以通过"时间轴"面板或"效果控件"面板添加音频关键帧。

1. 在"时间轴"面板中添加音频关键帧

双击音频轨道空白处将其展开，单击"添加-移除关键帧"按钮，将添加或移除关键帧，添加音频关键帧后，可通过"选择工具" ▶ 移动其位置，从而改变音频效果，如图7-73所示。

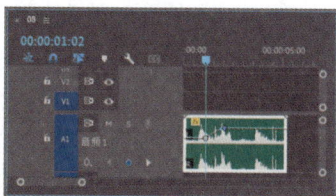

图 7-73

知识延伸

Ctrl键的妙用

按住Ctrl键靠近已有的关键帧，待光标变为 ▶ 状时，按住鼠标左键拖动可创建平滑变化效果。

2. 在"效果控件"面板中添加音频关键帧

选择"时间轴"面板中的音频素材后，在"效果控件"面板中单击"级别"参数左侧的"切换动画"按钮，可以在播放指示器当前位置添加关键帧，移动播放指示器，调整参数或单击"添加/移除关键帧"按钮，可继续添加关键帧，如图7-74所示。

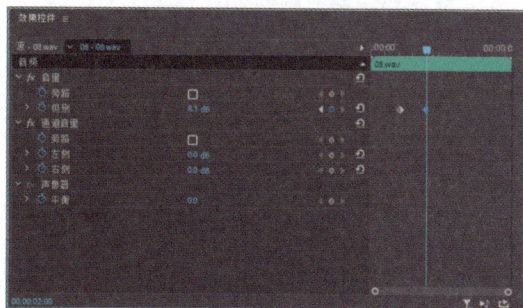

图 7-74

7.3.5　"基本声音"面板编辑处理声音

"基本声音"面板集成了针对音频设计的多种功能，适合创作者快速高效地处理音频。图7-75所示为"基本声音"面板，该面板将音频分为对话、音乐、SFX及环境4类，其中对话指对话、旁白等人声，选择该类型将提供一些对话相关的参数选项，包括去噪、清晰度调整等；音乐指伴奏；SFX指一些音效，可以为音频创建伪声效果；而环境指一些表现氛围的环境音。

为选中的音频素材标记类型，如对话，将显示"对话"的相关参数，如图7-76所示。用户可以根据音频种类进行标记，再进行设置。

图 7-75

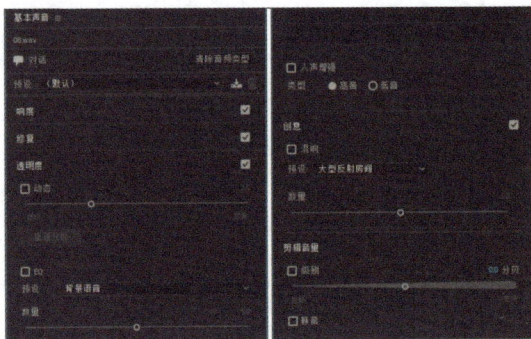

图 7-76

动手练 DeepSeek辅助歌曲创作与优化

通过"基本声音"面板，创作者可以轻松处理音频，制作特殊效果，下面对此进行介绍。

1. DeepSeek＋海绵音乐生成音乐

步骤 01 打开DeepSeek，根据提示词"你是一位独立音乐人，现在需要创作一首弘扬国风文化的歌曲，歌词朗朗上口"提问。

步骤 02 DeepSeek在思考后会给出回答。

DeepSeek

《墨色山河》

【主歌1】

砚池研开千层浪

笔锋勾勒云飞扬

汉唐月色漫染我衣裳

一纸江湖万里长

【副歌】

墨色浓 泼出青山叠嶂

弦上松涛伴鹤翔

踏遍二十四桥明月光

归来仍是少年郎

朱砂点 山河入酒滚烫

千年星斗落眼眶

且看华夏血脉如长江

奔涌在 我的宫商角徵羽上

【主歌2】

青铜纹路刻沧桑

丝路驼铃摇斜阳

朱砂点 山河入酒滚烫

千年星斗落眼眶

且看华夏血脉如长江

奔涌在 我的宫商角徵羽上

【桥段】

弹一曲塞北风穿堂

绣半阙江南雨打窗

甲骨文在掌心发烫

化作鲲鹏击云浪

【副歌】×2

墨色浓 泼出青山叠嶂

弦上松涛伴鹤翔

踏遍二十四桥明月光

归来仍是少年郎

朱砂点 山河入酒滚烫

千年星斗落眼眶

且看华夏血脉如长江

青瓷裂冰藏着旧时光

新茶煮沸旧词章

【副歌】

墨色浓 泼出青山叠嶂

弦上松涛伴鹤翔

踏遍二十四桥明月光

归来仍是少年郎

奔涌在 我的宫商角徵羽上

【尾声】

竹简缓缓卷起苍茫

新雪又落旧城墙

听 五千年的回响

正穿过 我琴弦 轻轻唱

创作解析

- **意象系统**：构建"水墨山河"核心意象群，砚池、青铜纹、青瓷裂冰等器物承载历史纵深，二十四桥、塞北江南等地理符号展开空间维度。

- **通感修辞**：将视觉（墨色浓）、听觉（松涛鹤翔）、触觉（血脉奔涌）交融，强化"少年中国"的生命力。星斗落眼眶、甲骨文发烫等超现实意象打破时空界限。

- **传统技法**：融入"宫商角徵羽"五声音阶概念，副歌韵脚采用江阳辙（ang），符合传统戏曲发音特点，记忆点集中在每段末句的"郎/烫/江/上"。

- **现代嫁接**：用"新茶煮沸旧词章"等矛盾修辞体现文化传承，尾声"新雪落旧城墙"象征古典美学在当代的延续，符合年轻群体审美。

步骤 03 复制歌词部分，打开海绵音乐官网，选择"创作"选项卡，在"自定义写词"对话框中复制歌词，选择音乐风格，如图7-77所示。

步骤 04 单击"生成音乐"按钮，等待生成，如图7-78所示。

图 7-77

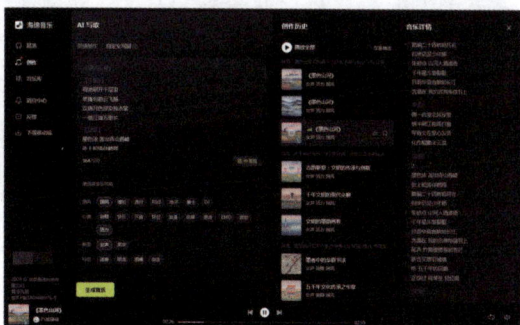
图 7-78

步骤 05 选择合适的音乐，单击■按钮，在弹出的快捷菜单中单击"下载音频"按钮进行下载，如图7-79所示。

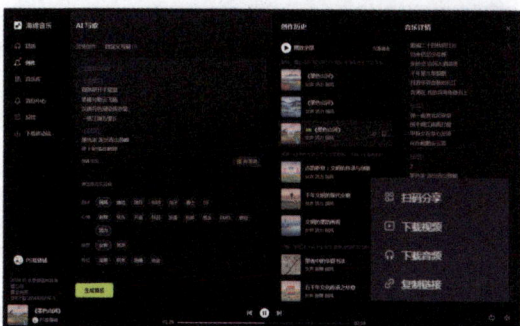
图 7-79

2. Premiere 制作混响效果

步骤 01 打开Premiere软件，单击主页中的"新建项目"按钮 **新建项目**，打开"导入"模式，设置参数，如图7-80所示。

步骤 02 完成后单击"确定"按钮，根据所选素材创建项目与序列，如图7-81所示。

图 7-80

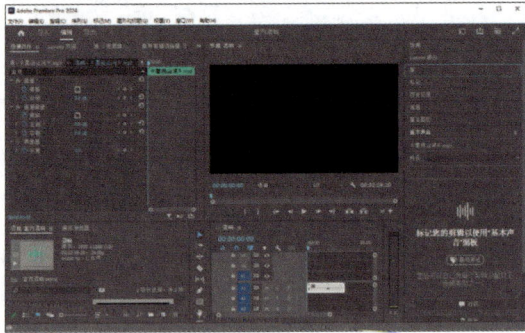

图 7-81

步骤 03 选中"时间轴"面板中的音频素材，执行"剪辑"|"音频选项"|"音频增益"命令，打开"音频增益"对话框，设置参数，如图7-82所示。

步骤 04 完成后单击"确定"按钮。选中音频素材，在"基本声音"面板中单击"环境"音频类型，选择"混响"复选框，设置参数，如图7-83所示。

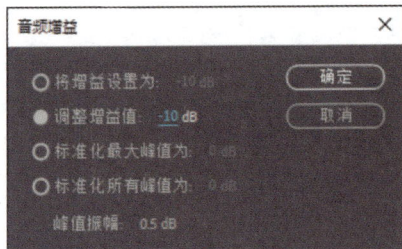

图 7-82

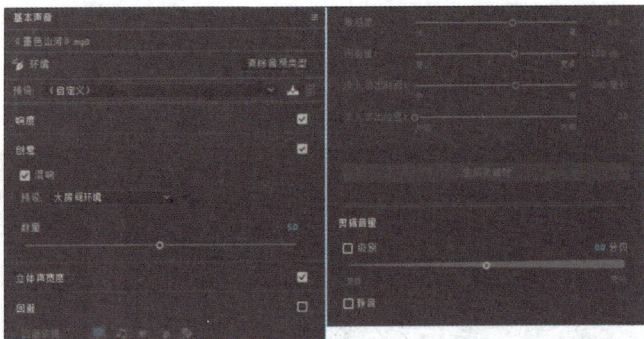

图 7-83

至此完成室内混响效果的制作。

7.3.6 常用音频效果

音频效果同样位于"效果"面板中，Premiere提供9组音频效果以及3个单独的音频效果，这些音频效果的作用如下。

- **振幅与压限：** 对音频的振幅进行处理，避免出现较低或较高的声音，包括动态、动态处理等10种音频效果。
- **延迟与回声：** 制作回声的效果，使声音更加饱满有层次，包括多功能延迟、延迟及模拟延迟3种音频效果。
- **滤波器和EQ：** 过滤掉音频中的某些频率，得到更加纯净的音频，包括FFT滤波器、低通、低音等14种音频效果。

- **调制：** 通过混合音频效果或移动音频信号的相位来改变声音，包括和声/镶边、移相器及镶边3种音频效果。
- **降杂/恢复：** 去除音频中的杂音，使音频更加纯净，包括减少混响、消除嗡嗡声、自动咔嗒声移除和降噪4种音频效果。
- **混响：** 为音频添加混响，模拟声音反射的效果，包括卷积混响、室内混响及环绕声混响3种音频效果。
- **特殊效果：** 用于制作一些特殊的音效，包括互换通道、人声增强等12种音频效果。
- **立体声声像：** 仅包括立体声扩展器音频效果，可用于调整立体声声像，控制其动态范围。
- **时间与变调：** 仅包括音高换挡器音频效果，可用于实时改变音调。
- **余额：** 平衡左右声道的相对音量。
- **静音：** 消除声音。
- **音量：** 代替固定音量效果。

7.3.7 添加音频过渡效果

音频过渡效果可以平滑连接不同的音频片段，使切换更加自然流畅。Premiere提供恒定功率、恒定增益和指数淡化3种音频过渡效果，其作用如下。

- **恒定功率：** 创建类似于视频剪辑之间的溶解过渡效果的平滑渐变的过渡。应用该音频过渡效果，首先会缓慢降低第一个剪辑的音频，然后快速接近过渡的末端。对于第二个剪辑，此交叉淡化首先快速增加音频，然后缓慢地接近过渡的末端。
- **恒定增益：** 在剪辑之间过渡时将以恒定速率更改音频进出，但听起来会比较生硬。
- **指数淡化：** 类似于"恒定功率"效果，但更加渐变，它可以淡出位于平滑的对数曲线上方的第一个剪辑，同时自下而上淡入同样位于平滑对数曲线上方的第二个剪辑。通过从"对齐"控件菜单中选择一个选项，可以指定过渡的定位。

添加音频过渡效果后将其选中，在"效果控件"面板中可以设置音频的持续时间、对齐等，如图7-84所示。

图 7-84

动手练 山谷回声效果

Premiere提供多种处理音频的操作，可以帮助创作者实现丰富的音频效果制作。下面练习制作山谷回声效果。

步骤 01 打开Premiere软件，单击主页中的"新建项目"按钮 **新建项目**，打开"导入"模式，设置参数，如图7-85所示。

步骤 02 完成后单击"确定"按钮，根据所选素材创建项目与序列，如图7-86所示。

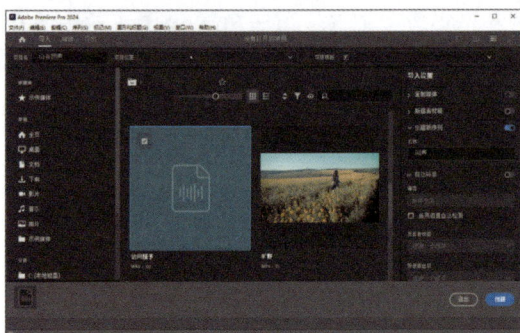

图 7-85

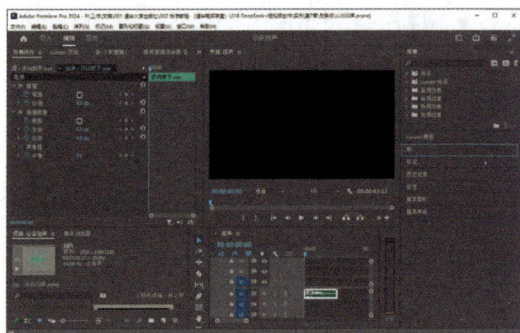

图 7-86

步骤03 在"效果"面板中搜索"模拟延迟"音频效果，拖曳至A1轨道素材上，在"效果控件"面板中单击"编辑"按钮，打开"剪辑效果编辑器-模拟延迟"面板，在下拉列表中选择"峡谷回声"，如图7-87所示。

步骤04 设置参数，如图7-88所示。关闭面板。

至此完成山谷回声效果的制作。

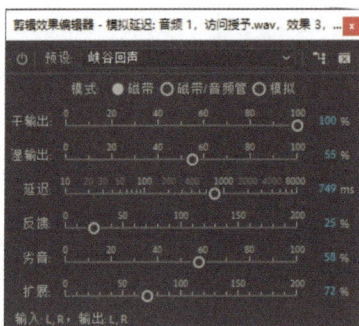

图 7-87

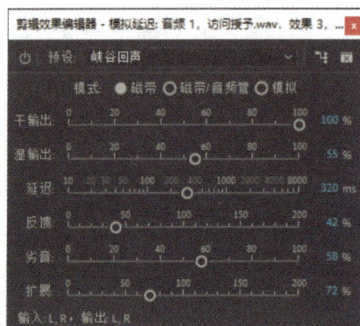

图 7-88

7.4 实战演练：DeepSeek助力绘画集生成

DeepSeek等AI工具的使用，可以为创作者提供更有趣的创意方案和更丰富的素材。本案例以绘画集的制作为例，介绍DeepSeek与Premiere的应用。

1. DeepSeek+ 即梦 AI 生成图像

步骤01 打开DeepSeek，根据提示词"**请为秦朝至当代的流行绘画风格，按照朝代和流行风格提供提示词**"提问。

步骤02 DeepSeek在思考后会给出回答。

DeepSeek

以下是从秦朝到当代中国绘画风格演变的提示词清单，按朝代和艺术特征分类整理，适用于AI绘画工具（如Midjourney/Stable Diffusion）或艺术创作参考。

1. 先秦时期（公元前221年前）

（1）青铜纹样

饕餮纹，云雷纹，青铜器铭文，狞厉美学，对称构图，青绿色铜锈，祭祀场景，几何化神兽。

（2）漆器绘画

朱黑对比色，流云纹，鸟兽纹，楚国巫文化，厚涂笔触，漆面光泽质感。

2.秦汉时期

（1）墓室壁画

升仙主题，四神兽（青龙、白虎、朱雀、玄武），仪仗队列，平面装饰性，矿物颜料（石青、朱砂），粗犷线条。

（2）帛画（马王堆风格）

T形构图，天上、人间、地下三界，引魂升天，细劲游丝描，平涂填色，日月金乌玉兔。

3.魏晋南北朝

（1）佛教壁画

敦煌飞天，藻井图案，本生故事画，凹凸晕染法，青金石蓝，火焰纹背光。

（2）文人画萌芽

竹林七贤题材，简远萧散，早期山水雏形，春蚕吐丝描，绢本设色。

4.隋唐时期

（1）青绿山水

金碧山水，勾斫技法，矿物质叠染，仙山楼阁，李思训风格，华丽装饰性。

（2）工笔人物

吴带当风，仕女丰腴体态，唐三彩釉色，屏风背景，宫乐图，簪花细节。

（3）禅画

泼墨写意，简笔罗汉，禅机意境，枯笔飞白，单色水墨渲染。

5.宋元时期

（1）院体画

界画楼台，格物致知，孔雀羽毛细节，团扇形制，微距花鸟（崔白风格）。

（2）文人水墨

米氏云山，寒林平远，斧劈皴、披麻皴，留白哲学，诗书画印一体（赵孟頫）。

（3）元四家风格

书斋山水，干笔皴擦，苍润笔墨，隐逸主题，纸本墨韵（黄公望《富春山居图》笔意）。

6.明清时期

（1）吴门画派

园林雅集，文徵明细笔，青藤白阳写意，题跋书法入画。

（2）八大山人

孤禽白眼，简约构图，墨点无多泪点多，隐喻性符号，宣纸渍墨效果。

（3）木版年画

杨柳青风格，饱满构图，民间吉祥图案，套色印刷质感，门神/娃娃题材。

7.近现代（1840-1970）

（1）海派绘画

任伯年写实人物，吴昌硕金石笔法，撞色牡丹，商业美术元素。

（2）岭南画派

居廉撞水撞粉，东洋渲染技法，孔雀尾翎细节，革命题材融合。

（3）徐悲鸿体系

素描造型+水墨，奔马动态解剖，历史主题巨构，光影体积表现。

8.当代（1980年至今）

（1）实验水墨

抽象肌理，综合材料（宣纸+丙烯），装置艺术跨界，数字水墨粒子。

（2）新工笔

超现实场景，传统技法+当代符号（如霓虹/电子元件），冷寂色调。

（3）数字国潮

赛博朋克山水，GLITCH故障艺术，3D建模古建筑，动态书法（After Effects表达式控制）

9.组合使用技巧

① **时代混搭**：唐代金碧山水＋赛博朋克霓虹光效＋Low-poly建模。

② **材质突破**：宋代汝窑青瓷质感＋水墨晕染＋流体动力学模拟。

③ **参数建议**：

- --ar 16：9（传统长卷比例）。
- --style 4b（适用于工笔风格）。
- --chaos 60（增加历史沧桑感）。

10.注意事项：

- 使用--no photorealistic, modern clothing排除不符合时代的元素。
- 对争议题材建议用隐喻性符号（破碎瓷器/重组字画）表现。
- 商业用途需注意文物图像版权（推荐使用故宫Open Data资源）。

步骤03 选取合适的提示词并复制，打开即梦AI官网，选择"图片生成"，在对话框中粘贴复制的提示词，选择比例为16：9，单击"立即生成"按钮生成图像，如图7-89所示。

图 7-89

步骤04 选取合适的图像保存，通过看图工具调整大小为1920×1080像素。如图7-90所示。

步骤05 使用相同的方法，继续复制提示词生成其他8张风格不一的图像，如图7-91所示。

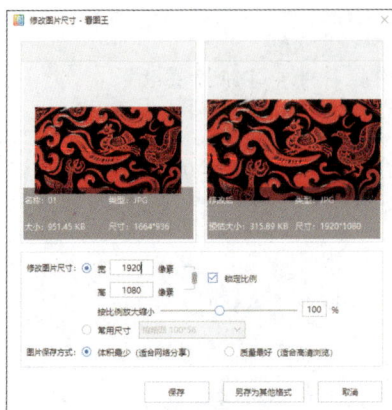

图 7-90

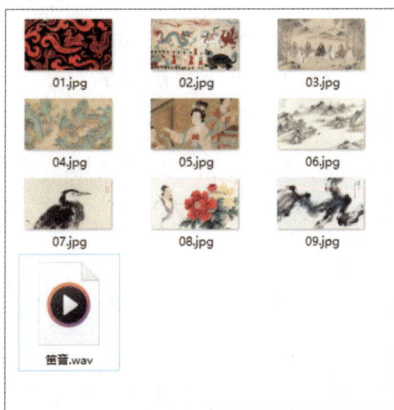

图 7-91

2. Premiere 制作绘画集

步骤 01 打开Premiere软件，单击主页中的"新建项目"按钮 ，打开"导入"模式，设置参数，如图7-92所示。

步骤 02 完成后单击"确定"按钮，根据所选素材创建项目与序列，如图7-93所示。

图 7-92

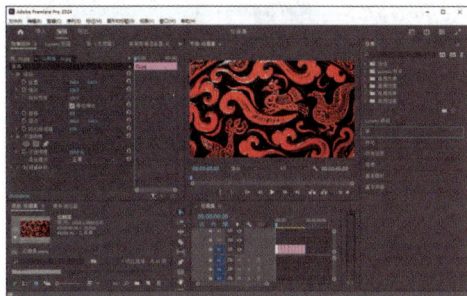

图 7-93

步骤 03 调整素材至不同的轨道中，如图7-94所示。

步骤 04 依次选中素材，在"效果控件"面板中设置"缩放"属性为33%，并设置位置属性，使其在"节目监视器"面板中呈九宫格显示，如图7-95所示。

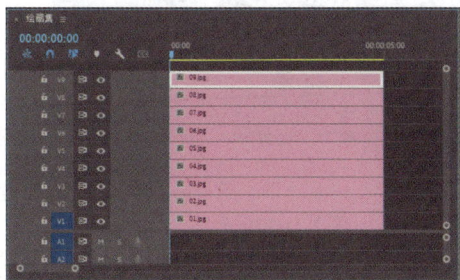

图 7-94

图 7-95

步骤 05 左起第一张图，在00:00:00:00处为"不透明度"属性添加关键帧，并设置属性参数为"0.0%"，在00:00:00:05处设置"不透明度"属性参数为"100.0%"，软件将自动添加关键帧，如图7-96所示。

步骤 06 选中添加的关键帧，按Ctrl+C组合键复制，选中V2轨道素材，选中"不透明度"属性，按Ctrl+V组合键粘贴，如图7-97所示。

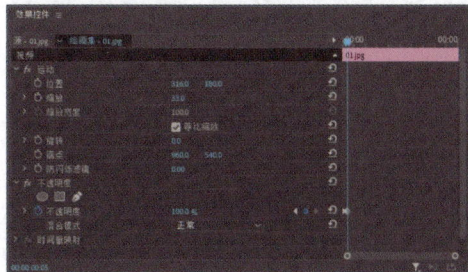

图 7-96

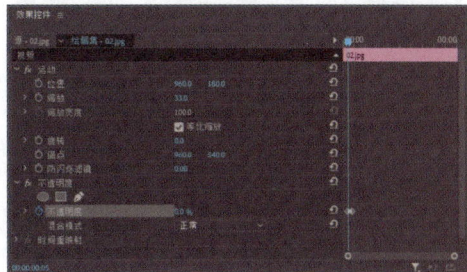

图 7-97

步骤 07 选中V2轨道素材关键帧复制，按Shift+→组合键将播放指示器右移5帧，选中V3轨道素材，选中"不透明度"属性，按Ctrl+V组合键粘贴，如图7-98所示。

步骤 08 重复操作，直至最后一个素材，如图7-99所示。

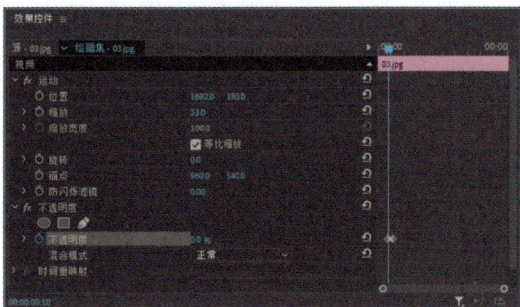

图 7-98

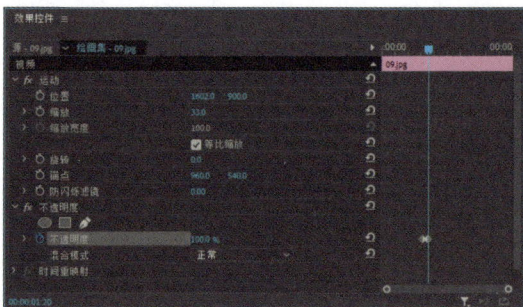

图 7-99

步骤 09 选中V1～V9轨道中的素材，右击，在弹出的快捷菜单中执行"嵌套"命令，打开"嵌套序列名称"对话框，设置名称，如图7-100所示。

步骤 10 完成后单击"确定"按钮，创建嵌套序列，如图7-101所示。

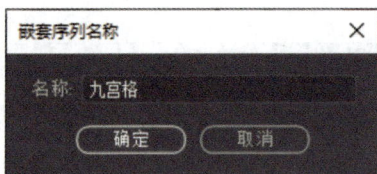

图 7-100

图 7-101

步骤 11 在00:00:02:00处裁切素材，并删除右侧部分，如图7-102所示。

步骤 12 将图片素材按照序号顺序拖曳至V1轨道素材中，并调整持续时间为1秒，如图7-103所示。

图 7-102

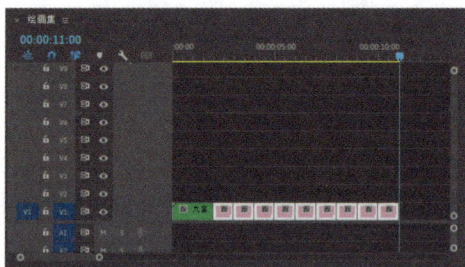

图 7-103

步骤 13 在"效果"面板中搜索"交叉缩放"视频过渡效果，拖曳至V1轨道第2段素材入点处，在"效果控件"面板中设置持续时间为5帧，效果如图7-104所示。

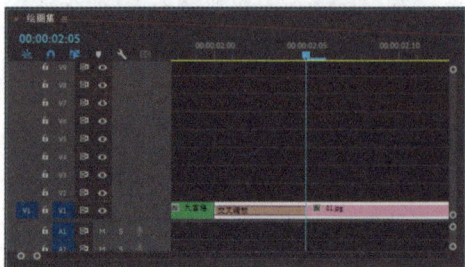

图 7-104

步骤 14 使用相同的方法，在第2～10段素材之间添加"交叉缩放"视频过渡效果，并调整持续时间为10帧，如图7-105所示。

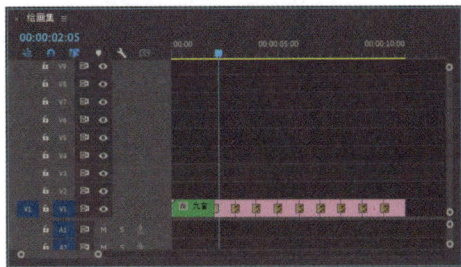

图 7-105

步骤 15 在V1轨道最后一段素材出点处添加"黑场过渡"视频过渡效果，设置持续时间为5帧，如图7-106所示。

步骤 16 按Ctrl+I组合键导入本章音频素材，并拖曳至A1轨道中，在00:00:11:00处裁切素材，并删除右侧部分，如图7-107所示。

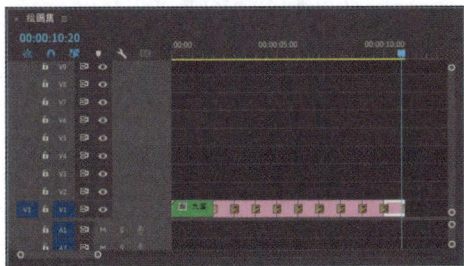

图 7-106

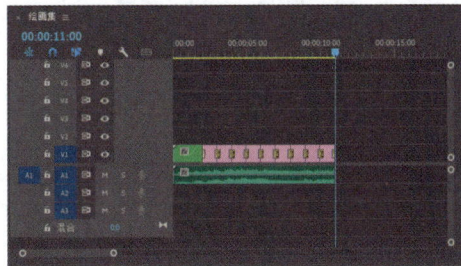

图 7-107

步骤 17 在"效果"面板中搜索"恒定功率"音频过渡效果，拖曳至A1轨道音频素材出点处，如图7-108所示。

步骤 18 调整其持续时间为2秒，如图7-109所示。

图 7-108

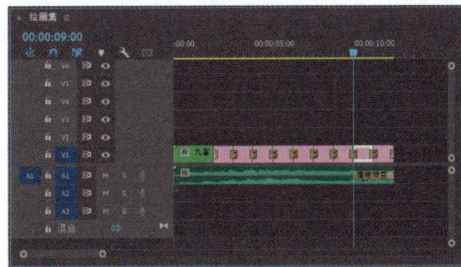

图 7-109

步骤 19 按Enter键渲染预览，如图7-110所示。

图 7-110

至此完成绘画集效果的制作。

第8章

实战：
综合案例深度剖析

在日常工作和生活中，用户可以使用剪映或Premiere制作各种风格和类型的短视频。剪映优势在于操作便捷、学习成本低，用户无需复杂的专业知识，就能快速通过简单操作，轻松制作生活记录、趣味搞笑、节日祝福等风格亲民、节奏明快的短视频，满足日常分享和基础创作需求。而Premiere作为专业级视频编辑软件，功能强大且全面，在色彩校正、音频处理、特效合成、多轨道编辑等方面表现卓越，支持高分辨率视频和复杂项目制作。本章使用剪映和Premiere进行热门的短视频制作。

8.1 制作氛围感四季穿越Vlog

借助剪映强大的编辑功能，可以将四季的更迭浓缩成一段精彩的视频。本例使用特效、转场、动画等工具制作氛围感四季穿越短视频。

8.1.1 AIGC生成四季风景图

AIGC拥有无限的创意，能够通过精确描述需求，如主题、风格、色彩、构图等，生成高度契合的个性化图片，精准满足不同用户的多样化需求。下面使用即梦AI生成春、夏、秋、冬四个季节的图片素材。

步骤01 打开即梦AI官网（https://jimeng.jianying.com/），在首页中单击"图片生成"按钮，如图8-1所示。

步骤02 打开"图片生成"面板，在文本框中输入提示词：*秋天的氛围感，湛蓝的海水，海水旁边有棵大银杏树，枝繁叶茂，地上有落叶，有一张长凳子。*生图模型使用"图片2.0Pro"，图片比例选择"9：16"，单击"立即生成"按钮，如图8-2所示。

图 8-1

图 8-2

步骤03 系统随即生成4张符合提示词描述的秋天氛围图片，从中选择一张图片，单击所选图片右上角的 按钮，下载图片。单击所有图片左下角的"重新编辑"按钮 ，如图8-3所示。

图 8-3

步骤04 "图片生成"面板中的文本框中重新显示提示词。将提示词修改为：*春的氛围感，湛蓝的海水，海水旁边有棵大银杏树，树叶刚冒出新绿的嫩芽，有一张长凳子。*单击"导入参考图"按钮，如图8-4所示。

步骤05 弹出"打开"对话框，选择之前下载的秋天图片，单击"打开"按钮，如图8-5所示。

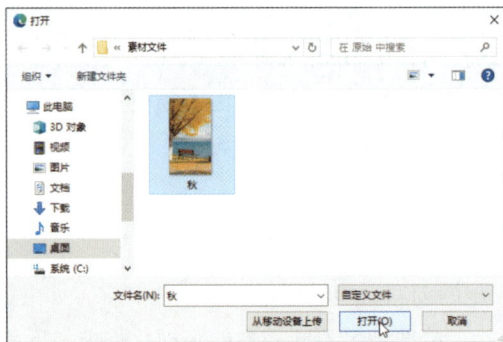

图 8-4   图 8-5

步骤 06 打开"参考图"对话框，选择"景深"选项，如图8-6所示。系统经过识别生成景深图，单击"保存"按钮，如图8-7所示。

步骤 07 返回"图片生成"面板，保持"生图模型"和"图片比例"不变，单击"立即生成"按钮，生成4张春天图片，如图8-8所示。

图 8-6   图 8-7   图 8-8

步骤 08 参照**步骤 03**，继续单击4张春天图片左下角的"重新编辑"按钮，在"图片生成"面板中修改提示词，继续生成夏天和冬天图片，并从每次生成的图片中选择最满意的图片下载备用，即梦AI生成的四季图片效果如图8-9所示。

图 8-9

8.1.2 季节变换自然的转场

使用AIGC生成四季素材后，可以将这些素材导入剪映中进行编辑。为了让每个季节之间的过渡看起来更加自然，需要在使用"叠化"转场。

步骤 01 将4张图片素材导入剪映，并添加至时间线轨道，按照春、夏、秋、冬的顺序调整素材的位置，如图8-10所示。

步骤 02 将时间指针移动到"春"和"夏"素材之间，在素材面板中打开"转场"面板，打开"转场效果"分组，选择"锐化"分类，添加"叠化"转场，如图8-11所示。

图 8-10

图 8-11

步骤 03 在功能面板的"转场"面板内设置"时长"为"1.5秒"，单击"应用全部"按钮，为所有图片素材添加叠化转场，如图8-12所示。

图 8-12

8.1.3 添加特效提升氛围感

由于本例使用图片素材，为了增加动态感和氛围感，可以根据季节使用不同的特效。

步骤 01 将时间指针移动到视频起始位置，在素材面板中打开"特效"面板，打开"画面特效"分组，选择"基础"分类，添加"泡泡变焦"特效，如图8-13所示。

步骤 02 将时间指针移动至"泡泡变焦"特效的结束位置，在"特效"面板中的"画面特效"分组内选择"氛围"分类，添加"萤火"特效，如图8-14所示。

图 8-13

图 8-14

步骤 03 将时间指针移动至00:00:07:00时间点，拖动"萤火"特效素材，使其结束位置与时间指针对齐，如图8-15所示。

图 8-15

步骤 04 保持时间指针位置不变，在"画面特效"分组中选择"自然"分类，添加"晴天光线"特效，如图8-16所示。

步骤 05 将"晴天光线"特效的结束位置拖动至与"秋"素材的结束位置对齐，如图8-17所示。

图 8-16

图 8-17

步骤 06 将时间指针移动至"晴天光线"特效的结束位置，在"画面特效"分组中选择"自然"分类，添加"大雪"特效。随后将该特效的结束位置拖动至与"冬"素材的结束位置对齐，如图8-18所示。

图 8-18

8.1.4　动态字幕书写心情日志

在短视频创作中，文字的字体、颜色、排版等元素可以与画面、音乐配合，营造不同的氛围和情绪。下面为视频添加动态字幕。

步骤 01 将时间指针移动至00:00:02:05时间点，在素材面板中打开"文本"面板，在"新建文本"界面中添加"默认文本"素材，如图8-19所示。

步骤 02 保持文本素材为选中状态，在功能面板中打开"文本"面板，在"基础"选项卡中输入字幕内容，设置字体为"若烟体"，缩放为"72%"，位置的Y值为"-460"，如图8-20所示。

图 8-19

图 8-20

步骤 03 勾选"阴影"复选框，设置不透明度为"20%"，模糊度为"20%"，其他参数保持默认，如图8-21所示。

步骤 04 将时间指针移动至00:00:05:10时间点，拖动文本素材至结束位置，使其与时间指针对齐，如图8-22所示。

图 8-21

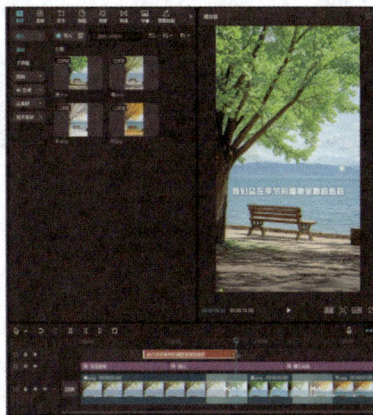

图 8-22

步骤 05 保持文本素材为选中状态，在功能面板中打开"动画"面板，在"入场"选项卡中选择"开幕"动画，设置动画时长为"0.7秒"，如图8-23所示。

步骤 06 切换至"出场"选项卡，选择"渐隐"动画，如图8-24所示。

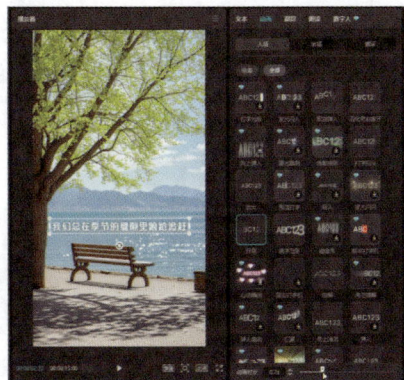

图 8-23

图 8-24

步骤07 按Ctrl+C组合键复制文字素材，按Ctrl+V组合键进行粘贴。复制三个文本素材，如图8-25所示。修改复制的文本素材的内容。

图 8-25

步骤08 将时间指针移动至00:00:13:13时间点，在素材面板中打开"特效"面板，在"画面特效"分组中选择"基础"分类，添加"模糊闭幕"特效，设置特效的结束位置与"冬"素材的结束位置对齐，如图8-26所示。

步骤09 将时间指针移动至视频起始位置，在素材面板中打开"音频"面板，在"音乐库"分组中选择"治愈"分类，添加一首满意的音乐，如图8-27所示。

图 8-26   图 8-27

步骤10 保持音频素材为选中状态，将时间指针移动至"冬"素材的结束位置，在功能面板中单击"向右裁剪"按钮，删除多余音乐，如图8-28所示。

步骤11 拖动音频结束位置的淡出控制点，设置淡出时长为"4.0秒"，如图8-29所示。

图 8-28   图 8-29

步骤12 至此完成氛围感四季穿越Vlog的制作，预览视频，效果如图8-30所示。

图 8-30

8.2 制作镜面滑屏产品宣传短片

剪映基于简单易上手的特点，可以快速制作不同类型和风格的短视频。本例通过蒙版、关键帧、调色等技巧制作镜面滑屏产品宣传短片。

8.2.1 DeepSeek提供创作思路

DeepSeek能够为短视频的创作提供思路，助力创作者打造更具吸引力与传播力的优质视频，凸显产品优势、提升营销效果。

步骤01 打开DeepSeek，发送下列提示词：你是一名珠宝产品营销人员，现在需要制作一期短视频，主题是珠宝产品展示，时长约20秒，考虑在视频中加入一些创意特效，用于突出产品亮点，请提供制作思路。

步骤02 DeepSeek在思考后给出回答。

DeepSeek

1. 整体风格定位

- **主题**：以「光影流转的东方珍宝」为概念，结合镜面特效营造虚实交错的奢华感。
- **色调**：暗调背景（深蓝、黑）搭配局部暖光，突出金属与宝石的折射。
- **节奏**：快切镜头（每款产品4~5秒），配合自然的转场保持流畅感。

2. 分镜脚本设计

（1）开场（3秒）

- **镜头**：俯拍镜面台面，王冠从镜面滑入画面中心（镜面滑屏特效）。
- **运镜**：快速环绕王冠360°，展示全貌→推近定格主石特写（慢速）。

（2）产品1~4（各4秒）

- **产品1（主推款）**：戒指360°旋转，镜头环绕拍摄，钻石局部放大展示火彩，搭配镜面滑屏切换到下一产品。
- **产品2（耳环）**：耳坠自然摆动抓拍动态光泽，慢镜头下落时突然定格，镜面分割画面切入下一产品。
- **产品3（项链）**：俯拍项链平铺造型，镜头快速下拉至吊坠特写，镜面反射倒影形成对称构图。
- **产品4（手镯）**：手模佩戴展示，镜头从手腕滑过时手镯局部亮起光效（AE发光特效）。

（3）结尾（3秒）

- 4款产品在镜面碎片中拼合成品牌LOGO，叠加Slogan（如Eternal Light）和购买信息。

3. 特效关键点

- **镜面滑屏**：每次转场用不同方向（水平、垂直、对角线）的镜面反射光效过渡，避免单调。
- **动态光影**：在宝石切面、金属边缘添加细微的光晕流动效果（用AE插件Saber或Optical Flares）。
- **速度变化**：产品亮相时短暂慢动作，突出细节后加速切换，增强节奏感。

4. 音乐与音效

- **背景音乐**: 轻快的钢琴、水晶音效 (如《Tiffany》广告风格), 高潮部分配合产品亮相。
- **音效**: 金属碰撞声、宝石旋转时的风铃声, 镜面转场时加入"咻"声提升科技感。

5. 设备建议

- **必用**: 电动旋转展示台 (平滑环绕)、微距镜头 (宝石特写)、偏振镜 (消除反光)。
- **选配**: 高速摄影机 (慢动作细节)、镜面亚克力板 (倒影增强)。

执行提示:

- 优先使用微距镜头拍摄宝石细节, 金属部分需打柔光避免过曝。
- 镜面特效可用Premiere的Mirror效果或导入AE模板, 保持反射质感与产品调性一致。
- 最终成片建议输出竖版 (9 : 16) 适配短视频平台, 同时裁剪横版给官网备用。

▌8.2.2 巧用蒙版制作滑屏效果

根据DeepSeek提供的创作思路, 加上用户自己的想法, 确定制作方案后, 便可以着手制作视频。蒙版和关键帧的组合应用是实现镜面滑屏效果的关键, 下面使用"镜面蒙版"进行操作。

步骤 01 将"王冠""发簪""戒指"以及"手镯"四段视频素材导入剪映。先将"王冠"视频素材添加至时间线轨道, 如图8-31所示。

图 8-31

步骤 02 保持"王冠"素材为选中状态, 在时间线轨道中按Ctrl+C组合键进行复制, 随后按Ctrl+V组合键将素材粘贴至上方轨道, 如图8-32所示。

图 8-32

步骤 03 单击上方轨道左侧的 ▣ 按钮, 隐藏轨道, 播放器窗口只显示下方轨道中的画面, 如图8-33所示。

图 8-33

步骤 04 选中下方轨道中的视频素材，在功能面板中打开"画面"面板，切换至"蒙版"选项卡，单击"添加蒙版"按钮，如图8-34所示。

步骤 05 选择"镜面"蒙版选项，为所选视频添加镜面蒙版，将光标移动至播放器面板中，拖动▭图标，调整蒙版大小，使画面顶部和底部留出适当的黑屏区域，如图8-35所示。

图 8-34

图 8-35

步骤 06 在时间线轨道中再次单击上方轨道右侧的按钮，取消轨道的隐藏，让该轨道中的视频画面在播放器面板中显示出来，如图8-36所示。

图 8-36

步骤 07 选中上方轨道中的视频素材，在"画面"面板的"蒙版"选项卡中添加"镜面"蒙版，如图8-37所示。

步骤 08 在"播放器"面板中拖动◎图标，将蒙版旋转"–60°"，如图8-38所示。

图 8-37

图 8-38

步骤 09 拖动▭图标，调整蒙版的大小，将蒙版的宽度适当缩小，如图8-39所示。

步骤 10 将光标移动至蒙版上方，将蒙版拖动至画面左上角，如图8-40所示。

步骤 11 用户也可参考"蒙版"选项卡中的位置、旋转以及大小参数进行设置。保持时间指针停留在视频起始位置，单击"位置"参数右侧的关键帧按钮，为起始位置添加关键帧，如

图8-41所示。

图 8-39　　　　　　　　　图 8-40　　　　　　　　　图 8-41

步骤 12 将时间指针移动到视频素材的结束位置，在播放器面板中将蒙版拖动至画面右下角，此时"蒙版"选项卡中的"位置"参数自动添加关键帧，如图8-42所示。

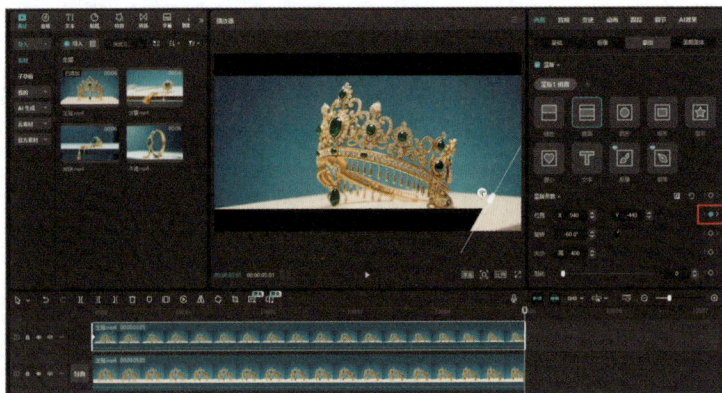

图 8-42

8.2.3　加强滑屏立体感

经过前面的操作，滑屏效果已经初现雏形。为了让滑屏效果显得更立体，还需要为其添加阴影，并适当降低底层画面的饱和度。

步骤 01 在时间线轨道中复制添加了关键帧的视频素材，并将复制的视频素材放在最上方轨道中显示，如图8-43所示。

图 8-43

步骤 02 打开"素材"面板，展开"官方素材"组，在"热门"分类中找到"黑场"素材，将光标移动到黑场素材上方，按住鼠标左键，向时间线窗口中的中间一个视频素材上方拖动，如图8-44所示。

步骤 03 松开鼠标后，自动弹出"替换"对话框，单击"替换片段"按钮，如图8-45所示。

图 8-44

图 8-45

步骤 04 中间一个视频素材被替换为黑场素材，但是该素材已经添加的效果会被保留。保持黑场素材为选中状态，将时间指针移动到视频起始位置，在"画面"面板中打开"蒙版"选项卡，拖动"羽化"滑块，设置其参数为"30"，为滑屏添加立体的阴影效果，如图8-46所示。

图 8-46

步骤 05 在时间线轨道中选择最底层视频素材，打开"调节"面板，在"基础"选项卡中设置"饱和度"参数为"-30"，如图8-47所示。

图 8-47

8.2.4 快速拷贝特效

为了避免重复操作，提高工作效率，第一个产品的镜面滑屏效果制作好后，可以复制第一段素材，执行替换操作，快速拷贝特效。

步骤 01 在时间线轨道中选择任意一个素材，按Ctrl+A组合键全选素材，随后按Ctrl+C组合键复制素材，如图8-48所示。

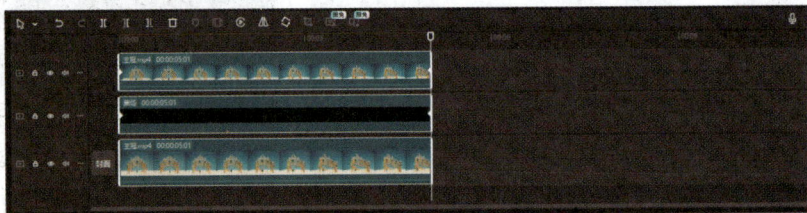

图 8-48

步骤 02 将时间指针移动到素材结束位置，按Ctrl+V组合键粘贴素材，并依次调整素材所在轨道，如图8-49所示。

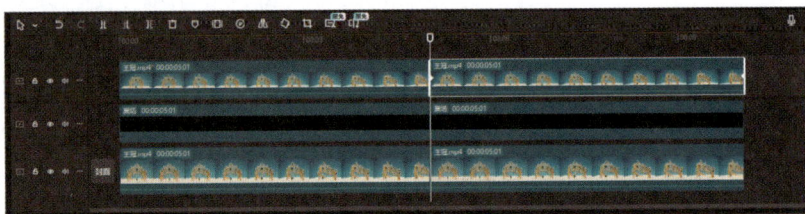

图 8-49

步骤 03 参照上述步骤继续复制两组素材，并调整素材位置，如图8-50所示。

图 8-50

步骤 04 打开"素材"面板，在"导入"组中的"素材"界面内选择"发簪"素材，将其拖动至最下方轨道中的第二个视频素材上方，如图8-51所示。

步骤 05 松开鼠标后弹出"替换"对话框，单击"替换片段"按钮，如图8-52所示。

图 8-51

图 8-52

步骤 06 从"素材"面板中再次选择"发簪"素材，将其拖动至最顶端轨道中的第二个素材上方，如图8-53所示。

步骤 07 松开鼠标，弹出"替换"对话框，单击"替换片段"按钮，如图8-54所示。

图 8-53

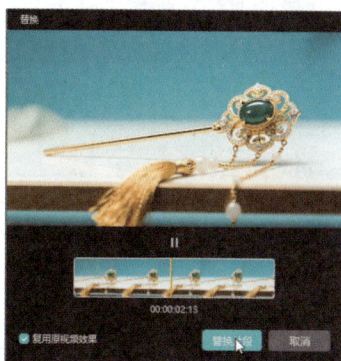

图 8-54

步骤 08 参照 步骤 04 ～ 步骤 07，继续用"手镯"和"戒指"素材替换轨道中剩余的两段素材，替换完成的效果如图8-55所示。

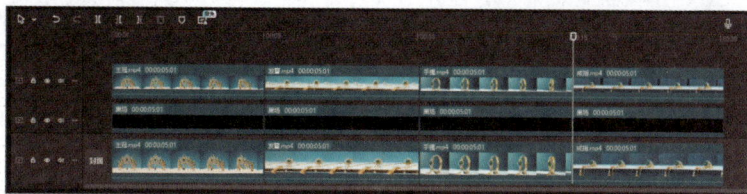

图 8-55

8.2.5 设置产品的切换方式

所有素材添加完成后，从上一个产品切换至下一个产品不能太过突兀。下面使用"色度溶解"作为切换效果。

步骤 01 将时间指针移动到"王冠"和"发簪"素材中间，在素材面板中打开"转场"面板，在"转场效果"分组中选择"叠化"分类，添加"色度溶解"转场效果，如图8-56所示。

图 8-56

步骤 02 参照上一步骤，继续为主轨道中的剩余素材全部添加"色度溶解"转场效果，如图8-57所示。

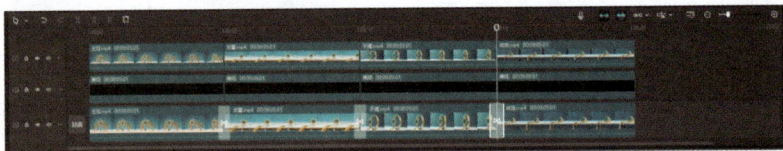

图 8-57

8.2.6 添加装饰性字幕

为了让画面更加丰富和平衡，需要在顶部和底部的黑屏部分添加字幕。下面使用默认文本功能进行制作。

步骤01 将时间指针移动到视频起始位置，在素材面板中打开"文本"面板，在"新建文本"界面内添加"默认文本"素材，如图8-58所示。

图 8-58

步骤02 在时间线轨道中拖动文本素材右侧边缘，调整其结束位置与"戒指"素材的结束位置对齐。保持默认文本素材为选中状态，在功能面板中的"基础选项卡"内输入字幕内容，设置字体、颜色、字间距等参数。在播放器面板中使用鼠标拖动的方式调整字幕的大小和位置，如图8-59所示。

图 8-59

步骤03 参照**步骤01**、**步骤02**，继续在画面底部黑幕位置添加字幕，如图8-60所示。

图 8-60

步骤 04 将"背景音乐"素材导入剪映，并将背景音乐添加至轨道，调整好音乐的时长及淡出时间，如图8-61所示。

图 8-61

步骤 05 至此完成镜面滑屏产品宣传短片的制作，预览视频，播放效果如图8-62所示。

图 8-62

8.3 制作烧烤盛宴短视频

借助DeepSeek的创意生成与Premiere的专业剪辑能力，可以轻松制作视觉丰富的短视频。本例使用DeepSeek提供方案，通过Premiere制作烧烤盛宴短视频。

8.3.1 DeepSeek生成创意方案

在短视频方案制作中，DeepSeek具有"多模态智能生成、数据驱动优化、全流程提效"三位一体的核心优势。下面使用DeepSeek生成短视频方案。

步骤 01 打开DeepSeek，根据提示词"*你是一位美食博主，现在需要制作一份有关烧烤的短视频。短视频包括4个镜头：烤肉串、在烤盘上炙烤的牛排、蔬菜和夹起的肉片，请提供10秒左右的脚本方案。*"提问。

步骤 02 DeepSeek在思考后会给出回答。

DeepSeek

🔥【10秒烧烤短视频终极流量密码方案】

1. 镜头1：肉串暴击（2.5秒）
- 无人机俯冲拍摄炭火旋涡中旋转的肉串。
- 油滴坠入炭火炸出金色粒子特效（0.5x慢速）。
- 弹幕炸屏："这串我承包了"！

2. 镜头2：牛排觉醒（2秒）
- 热油溅射视角（GoPro贴烤盘拍摄）。
- 牛排翻面瞬间触发「滋滋音浪」可视化特效。
- 动态温度计爆表："嫩度核爆警告"。

3. 镜头3：蔬菜暴走（1.5秒）
（1）三屏分镜
- 左：彩椒虎纹爆裂（爆破音效）。
- 中：玉米粒连环开花（pop音效）。
- 右：金针菇火焰燎烧（呲啦音效）。
（2）故障艺术字幕："素の反杀"

4. 镜头4：终极诱惑（4秒）
- 筷子夹起透光颤动的和牛肉片（水珠慢镜滑落）。
- 突然变焦展现全景烧烤江湖。
- 左下角「教学入口」火焰按钮。
- 右上角滚动挑战话题#2024烧烤段位赛。
- 中央3D弹窗："点这里立即获取解封秘籍"。

5. 收尾音效：剑出鞘声+炭火爆鸣

🎯 **数据型优化**

① 前3秒设置3个强刺激点（俯冲镜头+粒子特效+弹幕），提高留存率。

② 「三屏分镜」提升完播率（平台算法偏好）。

③ 结尾3D交互元素提升15%转化率。

④ 音效采用抖音TOP100热门烧烤视频高频音轨。

💡 **创新机制**

● 引入「温度计」可视化嫩度概念。

● 首创「烧烤江湖」世界观埋梗。

● 用武器音效代替传统音效制造记忆点。

● 教学入口被伪装成炭火粒子（点击触发特效）。

适合最新短视频算法机制，用「视觉轰炸+游戏化交互+世界观植入」三重组合拳冲击流量池！

8.3.2　烧烤视频剪辑过程

生成方案后，可以拍摄或收集相应的素材，并将其导入至Premiere中进行制作。

步骤 01 打开Premiere软件，单击主页中的"新建项目"按钮 新建项目 ，打开"导入"模式，设置参数，如图8-63所示。

步骤 02 单击"确定"按钮，根据所选素材创建项目与序列，如图8-64所示。

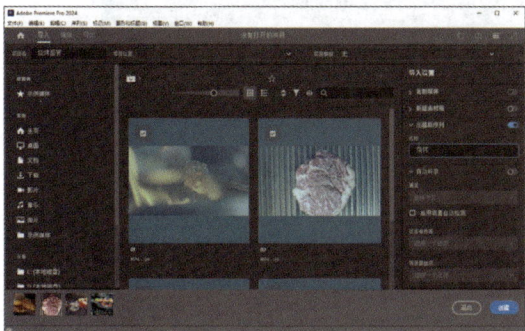

图 8-63

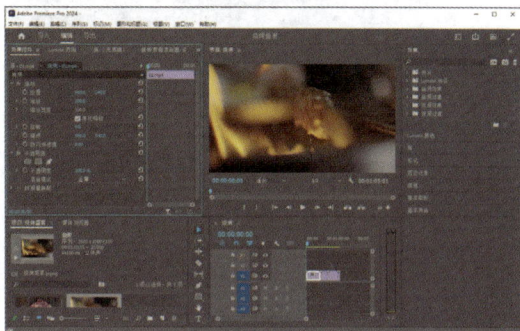

图 8-64

步骤 03 在00:00:15:09处使用剃刀工具裁切素材，并按Shift+Delete组合键波纹删除左侧部分，如图8-65所示。

步骤 04 在00:00:06:06处裁切素材，并按Shift+Delete组合键波纹删除右侧部分，如图8-66所示。

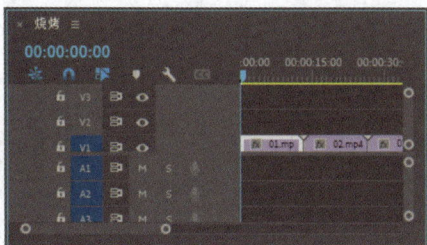

图 8-65

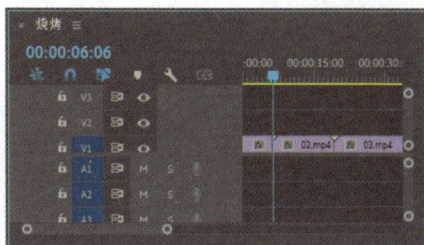

图 8-66

步骤 05 选中裁切后的素材，右击，在弹出的快捷菜单中选择"速度/持续时间"选项，打开"剪辑速度/持续时间"对话框，设置持续时间为2秒12帧，如图8-67所示。

步骤 06 单击"确定"按钮即可应用，如图8-68所示。

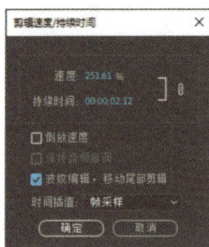
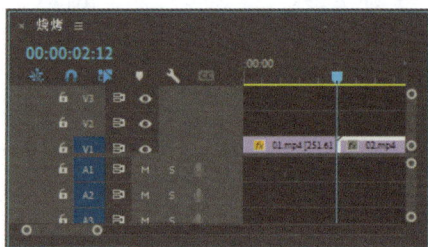

图 8-67   图 8-68

步骤 07 在00:00:06:06和00:00:12:11处裁切素材，并波纹删除裁切素材的第1段和第3段，如图8-69所示。

步骤 08 选中第2段素材，设置其持续时间为3秒13帧，如图8-70所示。

图 8-69   图 8-70

步骤 09 在00:00:12:20和00:00:16:03处裁切素材，并使用波纹删除裁切素材的第1段和第3段，将裁切素材的第2段移动至V2轨道合适位置，调整持续时间为1秒13帧，如图8-71所示。

步骤 10 选中V2轨道素材，按住Alt键拖曳复制至V3、V4轨道中，如图8-72所示。

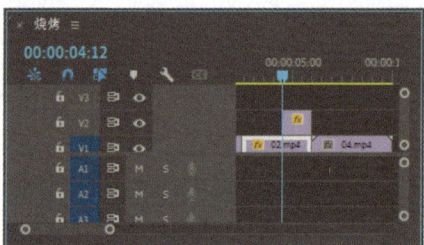

图 8-71   图 8-72

步骤 11 在"效果"面板中搜索"裁剪"效果，拖曳至V2轨道素材上，在"效果控件"面板中设置参数，如图8-73所示。

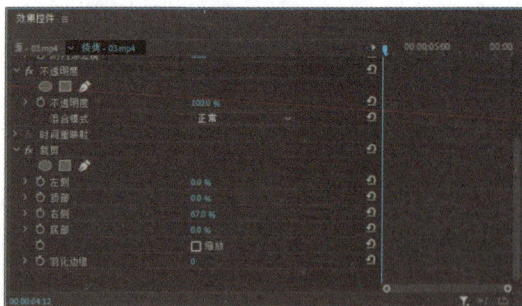

图 8-73

步骤 12 使用相同的方法，在V3、V4轨道素材上添加"裁剪"效果，并设置V3轨道素材的"裁剪"效果的"左侧"和"右侧"属性参数均为"33.0%"，V4轨道素材的"裁剪"效果的"左侧"属性参数为"67.0%"，效果如图8-74所示。

图 8-74

步骤 13 在00:00:04:12处裁切V3轨道素材，在00:00:05:07处裁切V4轨道素材，并删除左侧部分，如图8-75所示。

步骤 14 在"效果"面板中搜索"划出"视频过渡效果，拖曳至V2轨道素材入点处，在"效果控件"面板中设置方向为自北向南，持续时间为10帧，如图8-76所示。

图 8-75

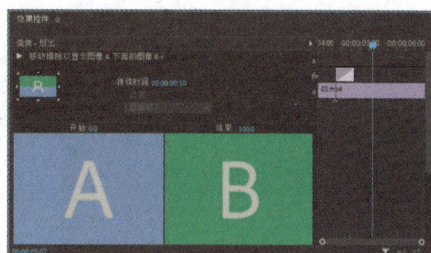

图 8-76

步骤 15 使用相同的方法，在V3轨道素材入点处添加"划出"视频过渡效果，方向为自南向北，持续时间为10帧，在V4轨道素材入点处添加"划出"视频过渡效果，方向为自北向南，持续时间为10帧，如图8-77所示。

步骤 16 选中V1轨道第2段素材、V2、V3及V4轨道素材，右击，在弹出的快捷菜单中选择"嵌套"选项，设置名称为23，将其嵌套，如图8-78所示。

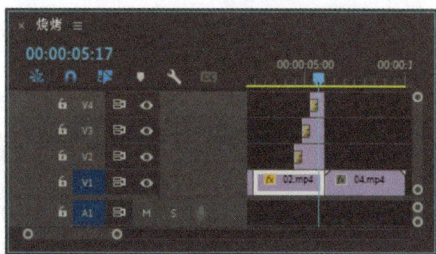

图 8-77

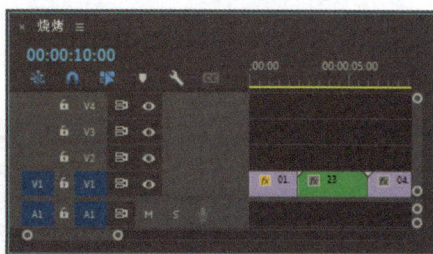

图 8-78

8.3.3　短视频文案制作

完成视频的剪辑操作后，可以进行文案的添加。

步骤 01 移动播放指示器至00:00:00:00处，使用文本工具在"节目监视器"面板中单击输入文本，在"效果控件"面板中设置参数，如图8-79所示。

步骤 02 在"基本图形"面板中设置居中对齐，效果如图8-80所示。

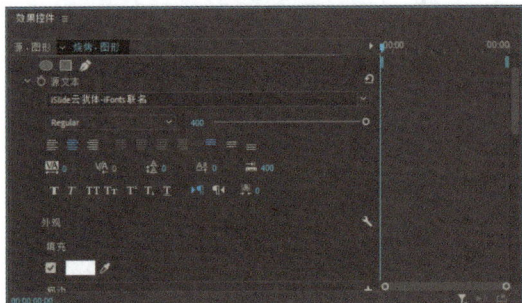

图 8-79

图 8-80

步骤 03 在00:00:02:00处裁切文本素材，删除右侧部分，并在左侧部分入点处添加持续时间为10帧的"交叉缩放"视频过渡效果，在出点处添加持续时间为1秒的"交叉溶解"视频过渡效果，如图8-81所示。

步骤 04 移动播放指示器至00:00:00:10处，使用文本工具在"节目监视器"面板中单击输入文本，设置颜色为"#A30000"，如图8-82所示。在"基本图形"面板中设置居中对齐。

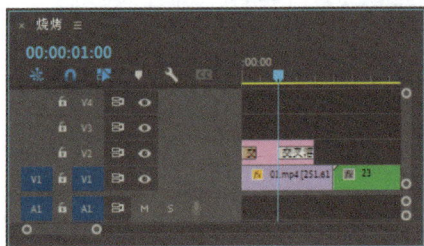

图 8-81

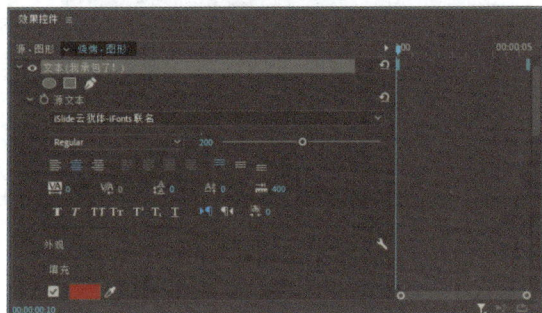

图 8-82

步骤 05 在00:00:02:12处裁切文本素材，删除右侧部分，并在左侧部分入点处添加持续时间为10帧的"交叉缩放"视频过渡效果，在出点处添加持续时间为1秒的"交叉溶解"视频过渡效果，如图8-83所示。

步骤 06 选中文本素材，按住Alt键向右拖曳复制，在"节目监视器"面板中更改文本内容，如图8-84所示。

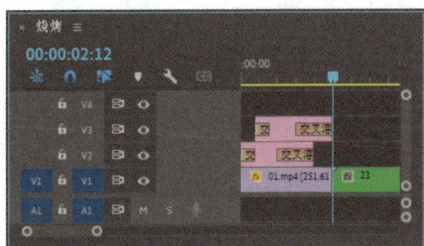

图 8-83

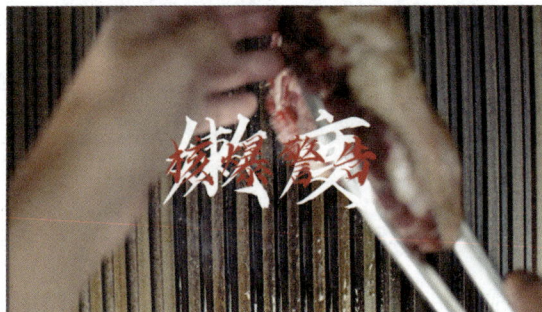

图 8-84

步骤 07 调整V3轨道第2段素材持续时间为1秒15帧，向右拖曳复制，删除视频过渡效果后调整持续时间为1秒12帧，如图8-85所示。

步骤 **08** 设置文本颜色为白色，更改文本内容，如图8-86所示。

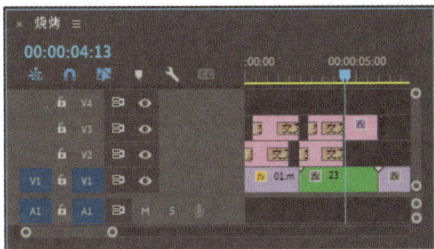

图 8-85   图 8-86

步骤 **09** 在V3轨道第3段素材入点和出点处添加持续时间为10帧的"急摇"视频过渡效果，如图8-87所示。

步骤 **10** 复制V3轨道第3段素材，如图8-88所示。

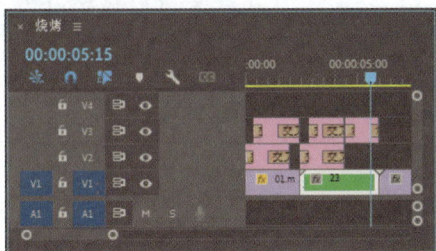

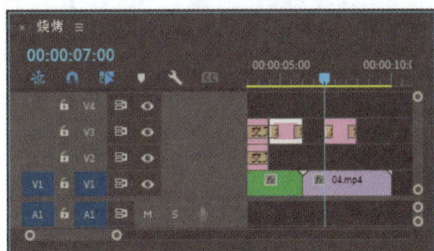

图 8-87   图 8-88

步骤 **11** 在"节目监视器"面板中更改文本内容，调整大小为300，效果如图8-89所示。

步骤 **12** 在V1轨道最后一段素材出点处添加"黑场过渡"视频过渡效果，如图8-90所示。

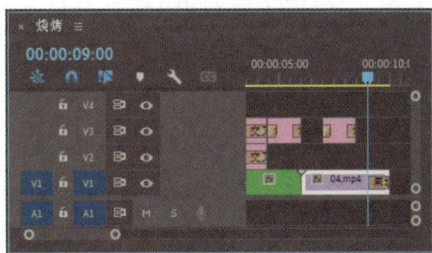

图 8-89   图 8-90

步骤 **13** 按Enter键渲染预览，如图8-91所示。

图 8-91

至此完成烧烤盛宴短视频的制作。

8.4 制作视觉故障短视频

除了提供方案外，DeepSeek还可以帮助用户提供制作思路。本案例以视觉故障短视频的制作为例，介绍DeepSeek及Premiere的应用。

8.4.1　DeepSeek提供创作思路

在确定了制作内容的情况下，用户可以借助DeepSeek提供实现的具体方式。本例对此进行介绍。

步骤 01 打开DeepSeek，根据提示词"*在不使用插件的情况下，怎么使用Premiere制作虚拟世界要崩溃的故障效果*"提问。

步骤 02 DeepSeek在思考后会给出回答。

DeepSeek

在Premiere中不使用插件制作虚拟世界崩溃的故障效果，可以通过以下步骤结合内置工具实现。

1. RGB颜色分离（信号失真效果）

步骤

① 复制原始素材到上方轨道（至少3层，分别处理红、绿、蓝通道）。

② 对每个复制的图层应用「效果」→「通道」→「反转」，分别仅保留红、绿、蓝通道中的一个，其他通道设为0。

③ 对每个图层进行轻微位移。

● 使用「效果」→「变换」→「位移」，横向错位5～20像素。

● 或直接在图层面板中手动偏移位置（Position）。

④ 设置混合模式为「滤色」或「叠加」，调整不透明度（30%～50%）。

---

2. 画面扭曲（数字故障感）

（1）紊乱置换

● 添加「效果」→「扭曲」→「紊乱置换」。

● 调高「数量」和「复杂度」，设置「演化」关键帧（随时间旋转）。

（2）波形变形

● 叠加「效果」→「扭曲」→「波形变形」，选择「圆形」波形，调高强度和速度。

---

3. 闪烁与信号中断

（1）快速闪烁

● 在复制的图层上，使用「裁剪」效果，随机切除顶部/底部区域，添加黑白纯色层作为"信号中断"效果。

● 通过关键帧控制「不透明度」或「曝光度」（效果→颜色校正→曝光），制造瞬间闪烁。

（2）随机跳帧

- 在时间轴上切割素材为碎片，删除部分片段模拟卡顿。

4. 扫描线与噪点

（1）生成扫描线

- 新建黑色纯色层，添加「效果」→「生成」→「网格」。
- 调整间距为2~5像素，混合模式设为「叠加」，不透明度为30%。

（2）数字噪波

- 使用「效果」→「杂色与颗粒」→「杂色」，调高杂色量并添加「演化」动画。

5. 音效增强（可选）

添加电子干扰音效（如Glitch音效库），与视觉故障同步。

6. 关键帧随机化

为所有效果参数（位移、紊乱置换、曝光等）添加不规则关键帧，避免机械感。

7. 最终调整

- 嵌套所有图层，整体添加「锐化」或「色差」，强化失真感。
- 输出前渲染预览，确保动态效果流畅。

通过组合这些技巧，无需插件即可实现低成本故障艺术效果！🎮

8.4.2 故障效果制作

根据DeepSeek提供的制作方式，结合所用软件当前版本的功能进行制作。

步骤01 打开Premiere软件，单击主页中的"新建项目"按钮 新建项目 ，打开"导入"模式，设置参数，如图8-92所示。

步骤02 单击"确定"按钮，根据所选素材创建项目与序列，如图8-93所示。

图 8-92

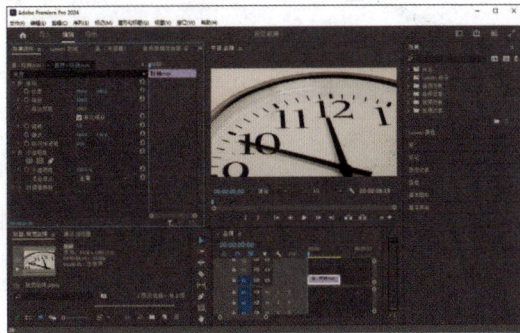

图 8-93

步骤03 选中"时间轴"面板中的素材文件，按住Alt键向上拖曳复制至V2轨道，如图8-94

所示。

步骤 04 在"效果"面板中搜索"反转"效果，拖曳至V2轨道素材上，在"效果控件"面板中设置参数，如图8-95所示。

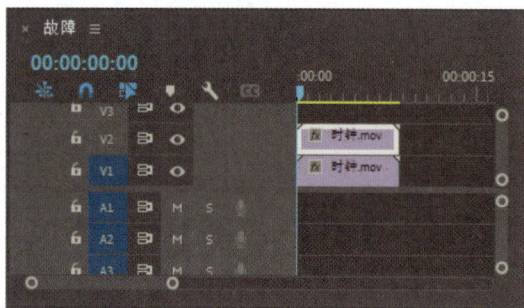

图 8-94

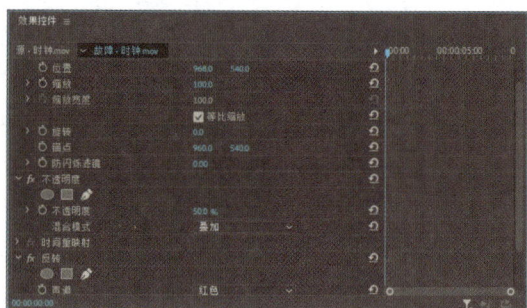

图 8-95

步骤 05 效果如图8-96所示。

步骤 06 选中V2轨道素材，按住Alt键向上拖曳复制，在"效果控件"面板中设置参数，如图8-97所示。

图 8-96

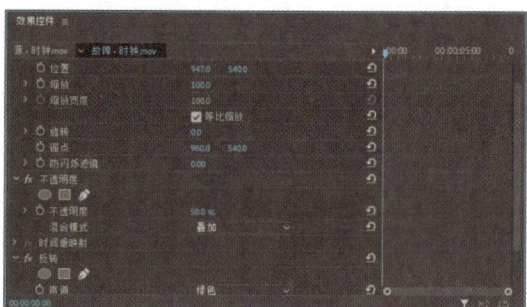

图 8-97

步骤 07 效果如图8-98所示。

步骤 08 选中V3轨道素材，按住Alt键向上拖曳复制，在"效果控件"面板中设置参数，如图8-99所示。

图 8-98

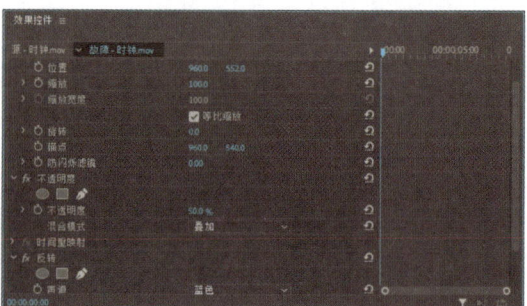

图 8-99

步骤 09 效果如图8-100所示。

步骤 10 新建调整图层，拖曳至V5轨道中，调整持续时间与其他素材一致，如图8-101所示。

图 8-100

图 8-101

步骤 11 在"效果"面板中搜索"湍流置换"效果，拖曳至V5轨道中的调整素材上，在"效果控件"面板中设置参数，在00:00:00:00处为"演化"属性添加关键帧，如图8-102所示。

步骤 12 在00:00:08:18处设置"演化"属性参数，软件将自动添加关键帧，如图8-103所示。

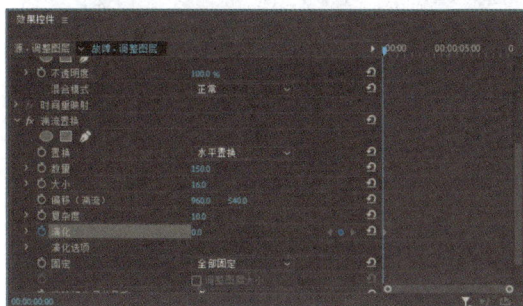

图 8-102

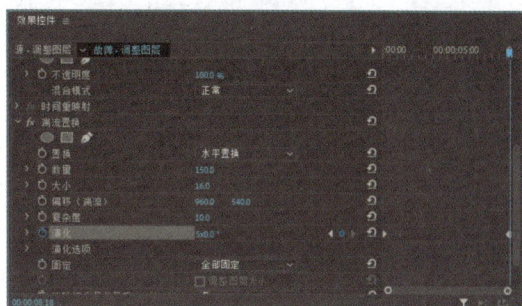

图 8-103

步骤 13 在"效果"面板中搜索"波形变形"效果，拖曳至调整素材上，在"效果控件"面板中设置参数，如图8-104所示。

步骤 14 效果如图8-105所示。

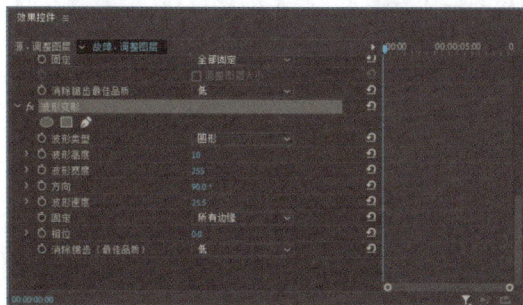

图 8-104

图 8-105

8.4.3 闪烁效果制作

利用"闪光灯"效果和导入的素材制作闪烁效果。

步骤 01 在"效果"面板中搜索"闪光灯"效果，拖曳至调整图层上，在"效果控件"面板中设置参数，如图8-106所示。

步骤 02 按Ctrl+I组合键导入素材"故障.mp4"，拖曳至V6轨道中，如图8-107所示。

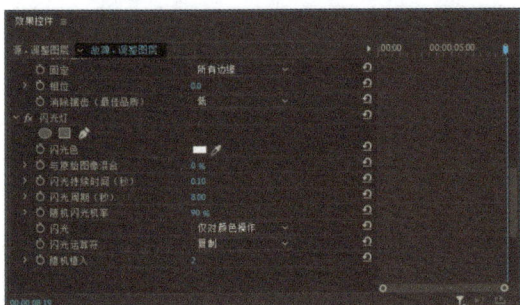
图 8-106

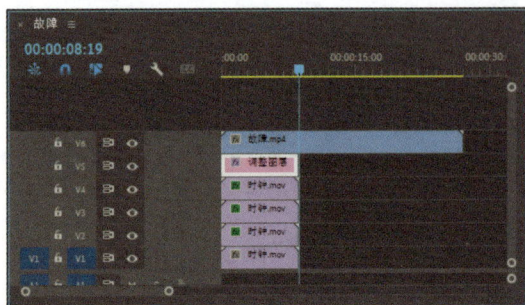
图 8-107

步骤 03 在00:00:02:08处裁切素材，继续每隔一帧裁切素材，如图8-108所示。

步骤 04 选中裁切的部分素材，按Delete键删除，如图8-109所示。

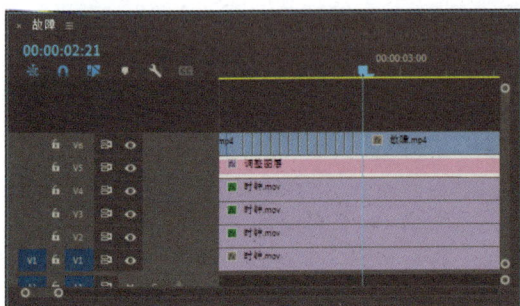
图 8-108

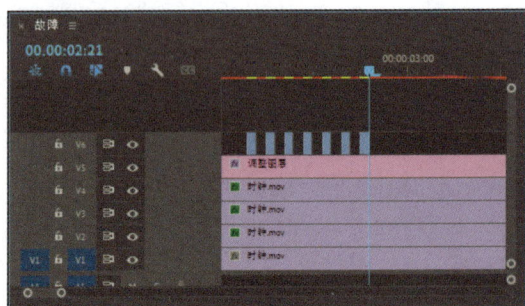
图 8-109

步骤 05 按Enter键预览播放，如图8-110所示。

图 8-110

至此完成视觉故障效果的制作。